"十三五"国家重点图书出版规划项目
改革发展项目库2017年入库项目

"金土地"新农村书系·果树编

百香果

优质丰产栽培彩色图说

甘廉生　廖永林　陈晓胜 / 主编

SPM 南方出版传媒
广东科技出版社｜全国优秀出版社
·广　州·

图书在版编目（CIP）数据

百香果优质丰产栽培彩色图说 / 甘廉生，廖永林，陈晓胜主编. —广州：广东科技出版社，2020.8　（2024.11 重印）
（“金土地”新农村书系 · 果树编）
ISBN 978-7-5359-7567-6

Ⅰ.①百…　Ⅱ.①甘…②廖…③陈…　Ⅲ.①热带果树—果树园艺—图解　Ⅳ.①S667.9-64

中国版本图书馆CIP数据核字（2020）第173279号

百香果优质丰产栽培彩色图说
Baixiangguo Youzhi Fengchan Zaipei Caise Tushuo

出 版 人：朱文清
责任编辑：尉义明　于　焦
封面设计：柳国雄
责任校对：于强强
责任印制：彭海波
出版发行：广东科技出版社
（广州市环市东路水荫路 11 号　邮政编码：510075）
销售热线：020-37607413
https：//www.gdstp.com.cn
E-mail：gdkjbw@nfcb.com.cn
经　　销：广东新华发行集团股份有限公司
印　　刷：广州市东盛彩印有限公司
（广州市增城区新塘镇上邵村第四社企岗厂房A1 邮政编码：510700）
规　　格：889mm × 1 194mm　1/32　印张 3.75　字数 130 千
版　　次：2020 年 8 月第 1 版
2024 年11月第 5 次印刷
定　　价：23.80 元

《百香果优质丰产栽培彩色图说》

编　委　会

组织编写单位

广东省农业科学院植物保护研究所

华南农业大学林学与风景园林学院

广东省农业科学院果树研究所

主　　编：甘廉生　廖永林　陈晓胜

编　　委：王继华　王德森　杨　斌　李　强　郑丽霞

陈华燕　舒肇甦　赵　华　陈素华　何小敏

蔡时可　杨　静　林　伟　谢秀凤　何珊珊

徐国良　高　燕　陈伟平　刘明津　马　群

徐森锋　左清清

项目经费资助：

1. 广东省农村科技特派员项目“百香果高产、安全种植技术应用与示范”（T2018029）

2. 2018年广州市农村科技特派员项目（GZKTP201802）

目 录

Mulu

第一章
百香果概述

第一节　营 养 价 值

百香果的学名为鸡蛋果，拉丁学名为*Passiflora edulia*。由于其果汁香味浓郁，含有番石榴、菠萝、杧果、香蕉、柠檬、草莓等多种水果的香味，是世界上已知最芳香的水果之一，被中国民众爱称为百香果，并且其全身是宝，日益受到世界人民的喜爱。

百香果果汁丰富，占鲜果重的30%~40%，果汁芳香浓郁，风味独特，含数十种香精油和芳香物质。华南农业大学食品学院以广东惠州汝湖园艺场2002年7月20日采收的华杨1号黄果百香果为样本，测得其果汁含145种物质，其中确定为香精油的为50种。百香果果汁中含有人体所需的糖、蛋白质、脂肪、氨基酸、维生素、钾、钙、磷、铁等营养物质及元素（表1–1）。鲜百香果果汁方便家庭随意加水、加糖稀释成日常饮料，更方便工厂加工成罐装商品果汁和浓缩果汁，或与其他水果果汁混配成复合果汁上市销售，被誉为“果汁之王”。从百香果中提取的香精，还是点心和酒类的良好加香剂。

表1–1　百香果果汁营养成分

成分含量	紫果百香果	黄果百香果
可溶性固形物/%	15.0	13.5
水分及挥发物/%	82.0	82.5
总糖/%	12.8	10.0
总酸/%	1.9	4.4
蛋白质/%	0.7	0.7
维生素C/［毫克·（100克）$^{-1}$］	34.4	11.5
维生素A/［毫克·（100克）$^{-1}$］	1.3	0.9
磷/［毫克·（100克）$^{-1}$］	30.0	18.4

续表

成分含量	紫果百香果	黄果百香果
钾/［毫克·（100克）$^{-1}$］	230.0	210.0
钙/［毫克·（100克）$^{-1}$］	12.8	5.4
铁/［毫克·（100克）$^{-1}$］	3.2	0.4

资料来源：连志超（2012）。

百香果的果皮含有优质的果胶，可提取果胶制成食品工业配料，如天然稳定剂和增稠剂，或用来制作果脯、蜜饯、果酱、果冻等食品。百香果果汁及果皮制品芳香、甜酸可口，具有生津止渴、提神醒脑、润肠通便、滋补健身、排毒养颜、解酒护肝、消除疲劳、提高人体免疫力等诸多作用。百香果的根、茎蔓、叶可入药，具有消炎止痛、宁心安神、活血强身、降脂降压、治疗痢疾等作用，是医药领域重点研发的对象之一。邹江水等（2010）在紫果百香果（图1–1）和黄果百香果（图1–2）的叶片提取物中发现黄

图1–1　紫果百香果

图1-2　黄果百香果

酮、黄酮苷等黄酮类药物化合物，具有较强的抗氧化、抗癌、抗病毒、抗炎症、抗过敏、抗糖尿病并发症等生理活性及抗衰老等生物活性。

百香果的种子富含对人体有益的不饱和脂肪酸，有待提取和开发利用。百香果果汁中矿物质、氨基酸和维生素含量均较高，维生素C含量明显高于一般水果。百香果对人类的益处逐步被更多的人认识，从而引种范围日广，开发利用日深，形成世界及我国种植、利用百香果的新高潮。

第二节　起源及发展

百香果原产于南美洲北部加勒比海小安的列斯群岛至巴西北部热带地区及南部南回归线以北的广阔热带、南亚热带地区。关于紫果百香果和黄果百香果的起源，还存在一些不同观点。有学者认为，紫果百香果原产巴西南部、阿根廷北部和巴拉圭一带靠南回归线以北的南亚热带雨林边缘地带。有观点认为，黄果百香果是紫果种的突变体，其起源地也是巴西，不过也有人认为是澳大利亚。

目前，百香果已在北回归线至南回归线的热带、南亚热带地区广泛种植。紫果百香果在巴西（南部、中部）、阿根廷（中部）、美国（夏威夷地区）、中国（华南地区）、印度（南部）、斯里兰卡、澳大利亚（北部）都有大规模种植。黄果百香果在美国（夏威夷地区）、墨西哥、巴西（北部）、委内瑞拉、圭亚那、澳大利亚、印度（南部）、马来西亚、泰国、中国、肯尼亚、马拉维、加纳、南非（北部）、斐济等都有一定规模种植。巴西是百香果生产大国，在20世纪末，其年产量超过90万吨，约占全球产量的60%。澳大利亚北部的百香果产区，在20世纪80年代产鲜果约3 000吨，产值180万美元。

第三节　种植情况

我国种植百香果时间较短，至今只有一百多年。

一、台湾种植情况

我国台湾于1901年从日本东京小石川植物园引进百香果种植成功，以后于1913年从菲律宾引入一批百香果，1936年又从夏威夷引

入一批黄果百香果。台湾是我国较早引种百香果的省份，但种植面积不大，产品以内销为主，近年也有部分外销，外销地以欧洲为主，其次为美国、加拿大，再次为日本。

二、福建种植情况

福建是与台湾隔海相望的近邻，也较早从台湾引种百香果，较早引种百香果并开展有关研究工作的单位为福建省亚热带植物研究所、厦门华侨亚热带植物引种园、福建农林大学等。1956年，厦门又从印度尼西亚引入了一批百香果苗；20世纪60年代，厦门华侨热带植物引种园从巴西引入了一批黄果百香果苗。

福建省农业厅通过科学规划，加强技术服务，以市场为导向，以标准化果园建设为基础，加工与鲜销结合，有力推进了百香果产业发展。据统计，截至2016年底，福建百香果种植面积达3.6万亩（亩为废弃单位，1亩≈666.67米^2），年产量近4万吨。

近年来，福建省委省政府高度重视百香果产业发展，按照“品种引领、品质提升、品牌打造”的宗旨对百香果产业发展进行了顶层设计，采取了一系列措施来培育、壮大这一特色产业，规划到2020年百香果种植面积达到20万亩。福建省首批认定和推广福建百香1号和福建百香2号2个品种，建立1万亩标准化生产示范基地，着手申报农产品地理标志产品保护，设计福建百香果专用包装，开发了百香果伴侣——专用蜜蜂、专用剖果工具等。2017年，在福州成立了福建农学会百香果产业分会，分会将积极调研全省百香果产业发展中遇到的难题，向政府建言献策，并利用专家资源协助政府落实品牌战略，参与行业技术标准制订，开展技术培训，推广新技术与新品种，推动深加工开发，为福建百香果产业健康持续发展做出贡献。

三、广西种植情况

广西是我国发展百香果面积最大、产量最多、速度最快、通过大中型果汁加工和网络销售快运鲜果配套最好的省区，其中又以玉林市发展最快、最好，主要分布于北流市和容县。2017年，玉林市百香果栽培面积达79 500亩，产量12万吨，除就近供应饮料厂加工外，更多地通过网络销往全国各地，当年百香果快递达1 140万件，销量28 500吨。北流市引种百香果有30多年，近五六年该市以发展百香果作为脱贫奔小康的主要项目，百香果种植面积达6万亩，鲜果产量迅速增加。为适应快销快运，北流市已建立民营网购快递公司170多家，2016年购销额高达10亿元。北流百香果种植业的快速发展，推动了当地农产品加工的发展，已建立3家百香果果汁加工厂。北流市向国家有关部门申请"中国百香果之乡"称号，喜获批准，已正式挂牌，为全国第一个"中国百香果之乡"。

与北流同属南亚热带气候区的钦州市浦北县及贵港市，都是积极发展百香果生产的重点市县。百香果是浦北县五大特色优势产业之一，为了进一步做大做强百香果产业，使之成为"世界长寿之乡"农产品品牌，当地政府鼓励百香果种植规模化、标准化、产业化。2018年3月，浦北县发布《2018—2020年百香果产业扶持奖励工作方案》，计划2018—2020年全县百香果种植面积达6万亩以上，实现产业发展、企业壮大、农民增收的目标。

2016年，贵港市出台了《贵港市百香果产业发展方案（2017—2019）》和《贵港市百香果产业发展暨产业扶贫攻坚年活动工作方案》，为进一步提升贵港百香果的品质和产量，继续为种植户提供产前、产中、产后服务。

桂林市从20世纪90年代开始引种百香果，2009年后逐渐发展，2016年年底种植面积达3万亩，产量5 000吨，其中以龙胜县的种植

面积最大，截至2017年，种植面积已达2万亩。

据报道，2018年广西百香果年产量达22万吨，百香果产量为全国第一。

四、广东种植情况

广东也是较早引种百香果的省份之一。自20世纪60年代即引入了紫果百香果和黄果百香果试种，1987年继续引入新种扩种并开始进行百香果加工工艺的研究。

百香果种植后结果快，果实鲜食和加工都受欢迎，鲜果收购价格较好，广东省相关部门大力推动百香果生产。现百香果种植已成为河源市和平县贫困农户脱贫致富的主要产业，该县百香果种植面积近5万亩。2005年，梅州市五华县从台湾引进百香果试种成功，目前五华县及其周边地区已种植百香果3万亩，是广东百香果大型生产基地之一。

五、云南种植情况

中国科学院西双版纳热带植物园在20世纪60年代先后引种了紫果百香果和黄果百香果，观察试种发现，在西双版纳地区适合栽培黄果百香果，不适合栽种紫果百香果。该园的研究成果推动了云南省各地百香果产业的启动和发展。

云南德宏于1986年引种百香果，1989年以后逐步扩大种植面积，其中种植面积最大的为紫果百香果，该地区也引种了缅甸、美国夏威夷的黄果种及台湾的台农1号杂交种等。

西双版纳1990年开展较大规模的百香果集约化种植，当年被列入“云南省星火计划”，1992年从福建引种了台农1号杂交种。1999年，西双版纳百香果种植面积达34 999亩，已形成百香果种植、加工、销售及技术服务一条龙的新兴产业基地。

六、海南种植情况

百香果于20世纪80年代初从巴西引入海南。1990年，在海南省西北部低海拔（500米以下）地带的儋州种植黄果百香果，当年即开花结果，亩产700千克，第二年亩产即达1 410千克。据不完全统计，至1994年海南的种植面积已达10 150亩，其中东方市种植面积约1 500亩，五指山市种植面积约1 300亩，三亚市种植面积约800亩，保亭、澄迈等市县初步出现成片种植点，其他多为零星种植。海南省属热带、亚热带气候区，适合百香果生长发育，一年可收2~3造果，冬造果上市时，正值广西、广东、福建等省区百香果缺市，海南的百香果可补充市场鲜果及加工原料。

七、贵州种植情况

贵州于1991年分别从广西壮族自治区亚热带作物研究所引入华杨1号，从福建省热带作物科学研究所引入台农1号，从福建省农业科学院引入南美黄果、泰国黄果百香果苗，定植于望谟试验场，待全部开花结果后，采种子育苗，4种实生苗于1993年4月分别定植于望谟县（海拔558米）、贞丰县白层（海拔450米）、兴义县歪染（海拔780米）试验园。在试验条件下，以华杨1号黄果百香果生长最快，南美黄果次之，台农1号杂交种生长最慢，产量以华杨1号最高，南美黄果次之。引种栽培成功之后，引起广泛关注，竞相扩种。

八、四川种植情况

四川百香果种植主要在攀西地区（凉山与攀枝花的干热河谷区）。该区域年温差小，昼夜温差大，日照时数长，光合效率高，降水集中于夏秋两季（占全年降水量的90%以上），冬春两

季干旱，干湿季节分明，冬季较温暖。金沙江和安宁河谷地带，年平均温可达23℃，≥10℃活动积温在8 000℃以上，最冷月均温在16℃，年日照时数为2 300~2 800小时，高于福建漳州（1 752小时）、广东广州（1 872.6小时）、海南儋州（2 132.3小时）。

20世纪60年代四川从华南热带作物研究院引进紫果百香果试种，试种成功后在攀枝花市各县、区及西昌市的会理县、普格县等地扩大试种范围。1982年四川又分别自华南农学院、福建省热带作物科学研究所引进台农1号百香果和黄果百香果试种，经多年品种比较试验和鉴定，已确认紫果百香果在攀西地区表现较好，投产第1~第2年，管理得好的果园即可亩产1~2吨，果实品质好，适宜生产高级饮料。但仍需注意攀西某些不利气候条件对百香果生产产生的伤害，如在百香果第1次花期的2—5月受旱要利用水利灌溉设施进行滴灌。在干热河谷的边沿地区，也常有短时霜冻和冰雹伤害，需要调查确定当地适种的范围，才能保证生产的安全。

第二章

百香果生物学特征

百香果为热带、亚热带多年生常绿植物。茎蔓嫩时为草质，老熟时为半木质，茎有卷须，是可缠绕攀附生长的藤本植物。

在我国广泛栽培的紫果百香果、黄果百香果及紫果与黄果杂交种植株，其具体植物形态与结构特征详述如下。

第一节　根　　系

百香果的根系着生浅，水平根发达，主根不发达，仅在种子播种成长的实生苗生长初期可以看到明显的直生主根和斜生侧根。随着植株的长大，垂直主根的生势逐步减弱，斜生或水平生长的侧根数量多、长势强、分布广，形成强大的浅生水平根系，如土壤条件好，这个水平根系主要分布于土表下10~60厘米较浅土层。因此，百香果建园时植穴深度和成园后深翻增施有机肥改土的深度与主根、直生根发达的果树园有所不同。这样浅生水平根系的植株抗旱能力较差、抗涝能力也较弱。

第二节　枝　　蔓

百香果植株的主蔓生长在单株搭棚栽培的情况下，可自然延伸生长至十多米，甚至更长、更远。每级枝蔓生长结束老熟后，都会从其顶部以下的几个侧芽抽吐2~4条下一级新枝蔓。如植地环境条件适宜，每年可抽吐2~3批新蔓。每一植株的第2~5级侧蔓是主要结果枝。枝蔓卷须有无紫红颜色或有无紫红颜色的条纹，是区别品种的一个特征（图2–1、图2–2）。

图2-1　紫果百香果藤蔓

图2-2　黄果百香果藤蔓

第三节　叶　　片

百香果叶片互生在茎蔓上。用种子播种的实生苗，最初长出的是长椭圆形、无分裂的叶片，长出十多片叶以后，才开始出现两深裂的掌状单叶（图2–3至图2–5）。叶面光滑碧绿，叶沿有小锯齿，叶柄短小，在叶柄与叶片交接部位的叶片上有2个或多个腺体。叶腋有芽眼，可抽吐新芽、新蔓，也可分化成花芽，开花结果。叶腋还可抽吐出卷须，以便枝蔓能缠绕固定物向上、向前伸展。有些蔓段的每个叶腋都长出卷须，有的蔓段不抽生卷须，卷须是否有紫红色泽也是区分种和品种的特征（图2–6至图2–11）。从叶柄基部的茎上长出的托叶抱茎。

植株受严重冻伤或机械伤后恢复生长时，从新蔓上所生长的若干片新叶也是无深裂的长椭圆形叶片。

图2-3　长椭圆形无分裂的叶片

图2-4　掌状单叶

图2-5　同时拥有长椭圆形和掌状叶片的满天星百香果

图2-6　黄果优选5-1-1品种的卷须

图2-7　黄果优选5-1-1品种的叶片

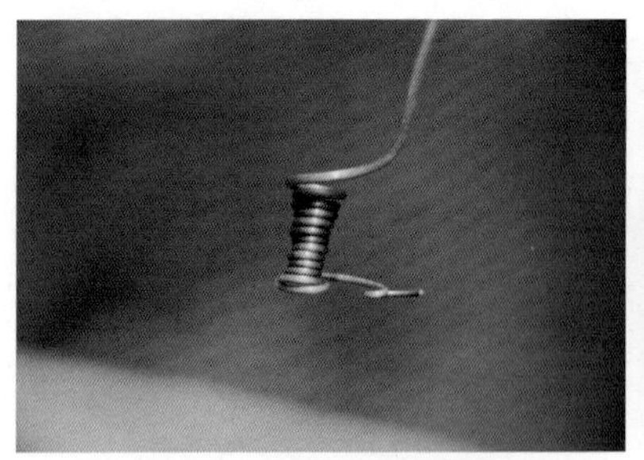

图2-8　普通黄果种的卷须

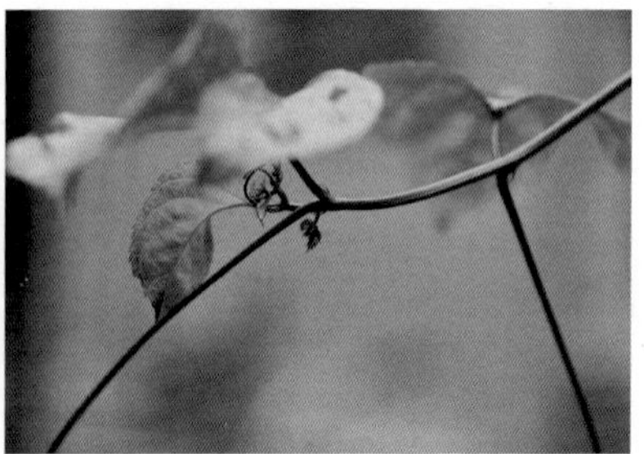

图2-9　普通黄果种的叶片

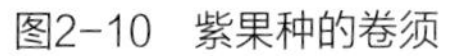

图2-10　紫果种的卷须

图2-11　紫果种的叶片

第四节　花

百香果花单生于叶腋，为雌雄同花的两性花（图2-12）。花柄长度品种间有差异，有小托叶3枚；花萼5枚，正面为白色，背面浅绿色；花瓣5枚，白色带浅紫色或浅红色，与萼片近等长；副花冠2轮，每片副花瓣长成流苏状，中部及上部为丝状基部联合，与花瓣等长，白色，基部紫色，其下具蜜腺环。雄蕊5枚，花药大，黄色，横生于花丝的顶部，呈“丁”字形，花粉黄色。子房上位，

图2-12　百香果花的结构

子房上部有1个在中上部分枝为3个柱头的花柱，柱头成熟时分泌黏液，以粘住花粉。花微芳香。花的横径因品种而异，黄果百香果花的横径约10厘米，紫果百香果的花朵较小，横径5~8厘米。百香果的花大而美丽，富有观赏价值。

第五节　果　　实

百香果果实是由上位子房发育而成的真果（图2–13）。

胚珠着生在子房的内壁上，由子房内壁及中皮层的组织分化形成。每粒胚珠都有自己的输导系统与植株整体相连。其胚珠倒生，珠被双层，珠心厚。每个子房都分布着几十粒至上百粒胚珠。当花盛开，柱头成熟后分泌黏液，遇上由昆虫或人工授以适宜的花粉，花粉粒即会萌发出花粉管，花粉管即将精子（雄配子）带到子房与胚珠结合而受精、受孕，受精胚发育成种子。在这个过程中，百香果还形成一个特别的小型器官——假种皮囊（种囊汁囊）。假种皮囊由珠柄发育而成，将整个幼胚包裹在囊中，有专门的输导管道与种胚、假种皮囊腔连接，各种有机营养物质能源源输送进来，以保证种子充分发育成熟的需要，多余的便成为含多种营养物质和芳香物质的果汁，假种皮囊的囊皮和囊柄便成为百香果的果肉（图2–14、图2–15）。

在自然界生物种群的竞争中，百香果富含的各种芳香物质对鸟兽有较强的吸引力，吸引它们前来啄食、咬食，从而近距离传播种子，鸟兽类吞食后未能消化的种子则随粪便排出，有助于更远距离传播。从人类祖先的自然采集到粗放播种种植，再到百香果更多优点和价值被发现后大面积规范种植，直至利用现代技术加工成果汁，研制出现代人类所需的营养保健食品和生物化学药品，进行贸易交流，并通过系统研究，逐步总结出一套百香果优质丰产栽培技术和深加工综合利用技术，使百香果渐渐成为遍布热带、亚热带地区的世界性果树。

图2-13　百香果果实外观

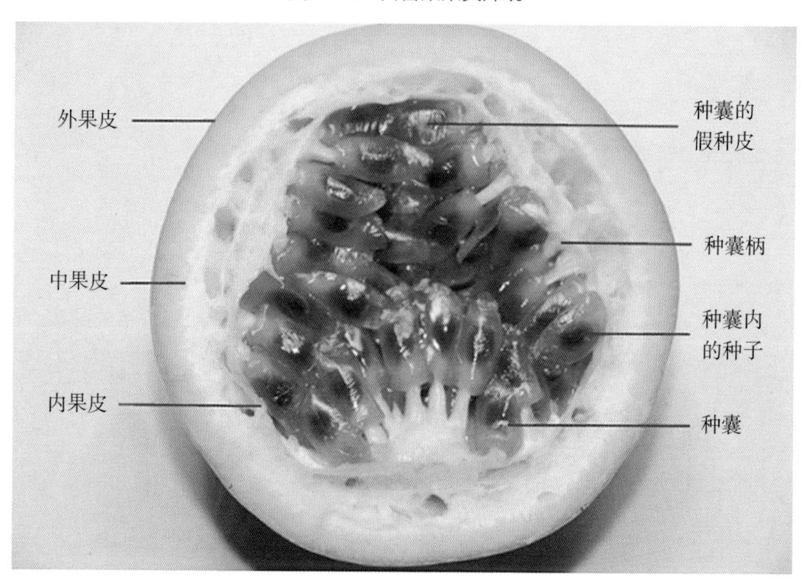

图2-14　百香果果实内部结构

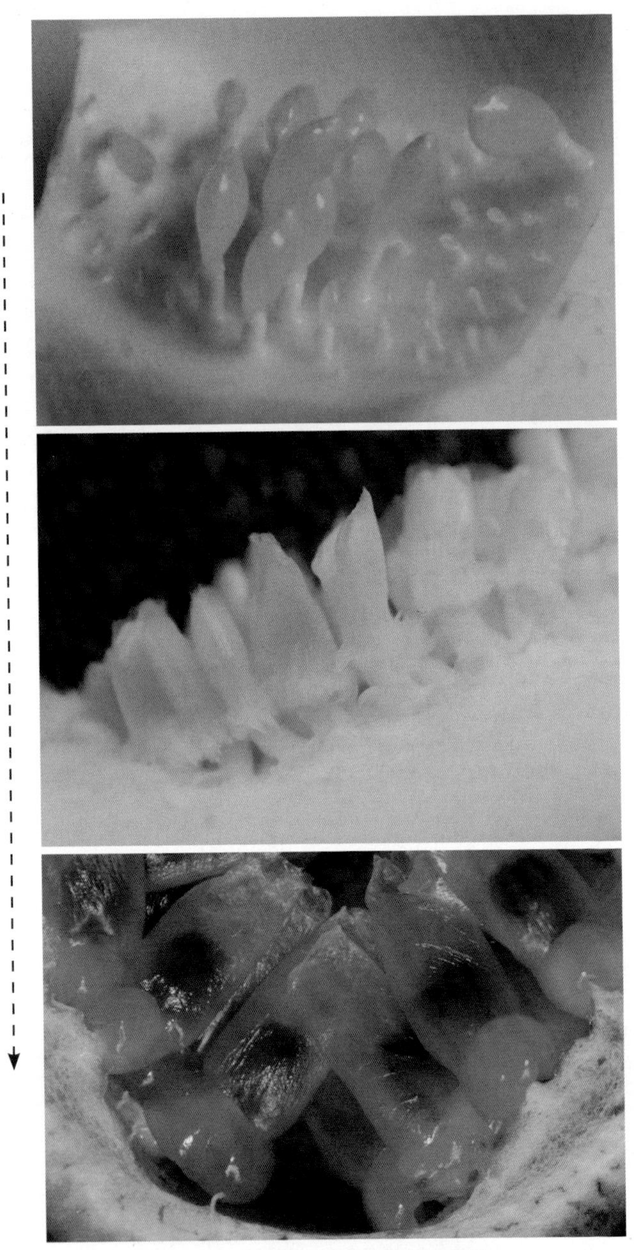

图2-15　百香果可食用部分发育进程

第六节　种　　子

百香果果实种子多，通常每果含种子数十粒至一百多粒（图2-16至图2-19）。种子小，扁平卵形，一般长5.25~5.32毫米、宽3.15~4.10毫米、厚1.51~1.92毫米，千粒重11.45~18.09克。种子黑色，种皮上密布小凹点，种皮坚硬，不易与种仁分离。种胚黄白色，单胚。百香果完整的种子在鸟兽体内难以消化。

图2-16　紫香1号百香果种子

图2-17　台农百香果种子

图2-18　满天星百香果种子

图2-19　黄果百香果种子

第三章

百香果生态学特性

第一节　对栽培环境的要求与反应

由于各品种百香果发源地不同，对栽培环境的要求与反应也有相当大的差异。

紫果种类型发源地为巴西南部的南回归线以北至热带气候区南部之间的亚热带雨林地带，能适应南半球南回归线以北至热带气候区之间的亚热带地区及北半球北回归线以南至北半球热带北部间的亚热带地区，能适应一定的冬季冷凉天气，能短时忍受0℃低温和轻霜，受冷后易恢复生长。该类型喜旱湿交替的季风型气候，在年降水量1 000~2 000毫米的地区可生长结果，若将其种在常年高温、多雨的热带低地，则植株藤蔓会疯长，开花结果少。

黄果种类型原产于热带低海拔地区，甚喜湿热，能适应热带高温、多雨、高湿的环境，植株在一年中生长、开花、结果多次交叉进行，一年能收2~3造果，但对低温霜冻比较敏感，不能忍受较长时间的0℃以下低温，遇–2℃低温时间较长易被冻死，若遇35℃以上高温、干旱或灌溉不及时，叶色会变黄，甚至干枯脱落。

一、温度

百香果是热带、亚热带果树，生长结果要求20~33℃温热气候，25~30℃生长最快，8~15℃则生长缓慢，甚至停止，安全越冬温度为5℃以上，遇0℃以下低温霜冻会受冷冻害，遇稍长时间–2℃以下低温霜冻，植株会冻死，如2007年冬季广西柳江县出现较长时间低于0℃霜冻天气，全县百香果因冻害几乎全部枯死，造成极大的经济损失。

百香果开花期最适温度为25~30℃，若开花期遇上≥35℃的高温干燥天气，会导致雌蕊柱头黏度差，影响花粉粒的萌发生长，就算已萌发的花粉管也会因干热而萎缩，不利于受精、受孕，坐果率低。秦志聪等2016年所做的不同气候条件对百香果盛花期坐果率的影响观察试验结果颇能说明问题（表3-1）。

表3-1　不同气候因素对百香果坐果率影响

指标	7月22日	7月26日	7月30日	8月5日
日平均气温/℃	31.0	32.0	31.5	29.0
日极端高温/℃	35.0	38.0	37.0	33.0
当日天气/℃	晴	晴	晴	多云阵雨
坐果率/%	47.0	25.0	34.0	90.0

注：1.气象资料为桂林市气象台提供。
2.观察地点为临桂区保宁村。
3.观察方法：对当天开的花数100朵挂牌，15天稳果后计算坐果数。

二、光照

百香果为热带、亚热带果树，需要充足的光照，年光照量1 800~2 200小时，方可满足其优质丰产的需要，我国目前百香果主产区多数都具备这样的光照条件。

三、水分

百香果需要充足而均衡的水分供应，年降水量1 500~2 000毫米，并且各月的雨量分布均匀较为理想，但实际上各地月度、旬度的降水量是相当不平衡的，遇到干旱的时候，就需要灌溉抗旱。因此，建设生产基地一定要靠近可引水灌溉的水源地，建设必要的引水灌溉工程。百香果的根系在土壤分布较浅，抗旱能力比主根系发达、深生的果树弱，遇旱要及时灌溉，最好能建设滴灌系统。百香果最怕涝害，若遇到大雨、暴雨、果园排水不良，只要泡水一天，根系就会受害。因此，要搞好果园的排水系统，要在一天之内就能排除积水。

四、风

百香果靠棚架缠绕支撑才能正常生长结果，而我国南方沿海百香果生产适宜区又往往是多台风登陆及多8级以上大风的地区，强风往往吹倒棚架，吹断藤蔓和花果。因此，建设大型生产基地时，要尽量选择8级以上大风正面吹袭次数较少的地方，要研究设计抗风能力较强、不易吹倒、耐用且经济合算的棚架。

五、土壤

百香果建园对土壤的要求较高，应选择较疏松肥沃、pH 5.5~6.5的壤土、沙壤土建园，忌用瘦、硬、黏、酸、多碎石子、未充分风化的山坡地或较大面积新推平的低丘陵瘦瘠地来建园。利用一般土壤建园，应特别重视施用较多的优质有机肥，不断改良土壤，增强土壤肥力，适度翻土，保持土壤良好的透气性和保湿度，这样才能达到丰产优质的生产要求。改变一些人认为百香果是粗生易种果树的错误认识，不能用粗放的方式来种植百香果。

第二节　广东百香果商品生产露地栽培的生态适宜性区划

广东地处我国华南地区，太阳直射的北回归线横贯全省，除粤北山区属中亚热带季风气候外，大部分属南亚热带季风气候，光、热、水资源丰富，对百香果生长结果有利，但粤北的许多市县冬季常受0℃以下寒潮、霜冻害袭击。广东东南部面对南海有全国最长的3 376千米海岸线，每年常受热带气旋、台风、8级以上大风的吹袭，吹倒棚架，吹断藤蔓花果，威胁正常生产。为减少自然灾害的损失，降低生产成本，做到丰产优质和提高经营收益，尤其促进农村新产业的振兴和实现扶贫脱贫目标，有必要搞好百香果商品生产露地栽培的生态适宜性区划。研究表明，对百香果生长结果影响较大的因素：①≥10℃年积温多年平均值；②年最低温多年平均值；③每年出现的≤0℃低温天数；④花盛开主要时段出现降低植株受孕率≥35℃异常酷热高温天数；⑤每年出现8级以上大风吹袭的次数作为区划的指标。结合以上因素并对照广东省气象局多年的气象观测资料总结，提出如下区划指标（表3–2）。

根据广东省百香果商品生产露地栽培的生态地理适宜性区划指标，对照广东省各县市的属区多年气候均值进行如下具体划分，供各地在决策发展百香果生产前查询参考。

一、适宜区

一般不受寒冻害侵袭，少受8级以上大风吹袭，光、温、水天然供给均有利于百香果优质丰产、生产成本较低、生产效益较好。

廉江、化州（北部）、高州、信宜、罗定、阳春、高要、肇庆、鹤山、佛山南海区、佛山顺德区、佛山高明区、广州花都区、广州增城区、广州番禺区、东莞、揭阳、潮安（北部）。

二、次适宜区

一般在冬季受到较轻的寒冻害，10年左右受一次中等程度寒冻害，年均仅受到4~5次8级以上风害，注意采取简易防寒、防风措施，防止大的生产损失。

徐闻、遂溪、化州（南部）、茂名、阳江、恩平、郁南、德庆、四会、佛山三水区、广州从化区、台山、开平、博罗、东源、紫金（西部）、和平（西南部）、丰顺、兴宁（南部）、普宁、饶平北部。

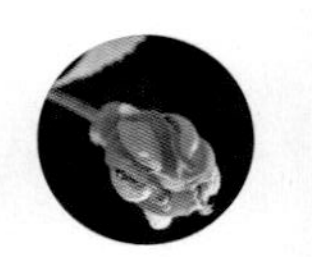

表3-2　广东省百香果露地栽培商品生产生态适应性区划指标（2019）

项目	数据幅度	适宜标准	次适宜标准	不适宜标准
≥10℃年积温多年平均值/℃	5 937.20~8 478.20	7 501.00~8 500.00	7 000.00~7 500.00	6 999.00以下
年最低温多年平均值/℃	5.38~3.13	2.00以上	1.00~1.90	0以下
年≤0℃低温天数多年均值/（天·年$^{-1}$）	0~11.40	0	1.00~5.00	6.00以上
盛花期出现妨碍受孕的≥35℃/（天·年$^{-1}$）	0.20~36.40	10.00以下	10.10~25.00	25.10以上
8级以上大风的年均次数/次	2~10	2~3	4~5	6以上
年均光照时数/（小时·年$^{-1}$）	1 488.00~2 321.00	1 800.00~2 300.00	1 300.10~1 800.00	1 300.00以下
年雨量多年平均值/（毫米·年$^{-1}$）	1 278.30~2 443.40	1 800.00~2 450.00	1 200.00~1 800.00	1 200.00以下

资料来源：

1.《广东省基本气候总结》（1970、1982，广东省气象台内部发行）。

2. 广东省自然灾害地图集编辑委员会，《广东省自然灾害地图集》，广东省地图出版社，1995。

3. 广东省民政厅、广东省地图出版社，《广东省政区图册》，广东省地图出版社，1992。

4. 广东省地图出版社，《实用广东省地图册》，广东省地图出版社，2006。

三、不适宜区

本区分布在粤北和粤东北中亚热带低温山区，或分布在东南部、南部沿海8级以上大风或台风次数多而易发生风害的地区。

（1）低温霜冻严重地区，多个年份都出现较严重或严重的零下低温霜冻害，相当多的年份甚至出现较长时间–2℃，百香果因霜冻致死，因此大面积进行露地栽培，商品生产的风险很大，若进行温室栽培则建园生产成本很高，产品价高在市场上销售没有竞争力。这部分县、区中形成的大、小盆地，因较闭塞，空气流通不畅，酷暑时易出现≥35℃以上的高温闷热天气，若百香果盛花期遇上这样的天气，盛花期的受孕率低，产量明显下降。

这部分地区有：乐昌、南雄、仁化、韶关市区、乳源、始兴、新丰、连州、连山、连南、阳山、英德、佛冈、翁源、新丰、龙门北部、连平、和平北部、龙川北部、兴宁北部、平远、蕉岭、梅县、大埔、紫金东部山区。

（2）沿海年平均8级以上大风（包括台风）6~10次，大风害区次数偏多，对以棚架栽培为主的百香果生产是一个主要抑制因素，大面积百香果基地选址时，要认真考虑这一不利因素，不能只看到这部分地区的光、温、雨量充足的有利条件。

这部分地区有：湛江市区、雷州、台山、中山、珠海市区、斗门、惠东、惠州市惠阳区、深圳市东部、海丰、陆丰、惠来、汕头市潮阳区、汕头市澄海区、南澳县、潮州市潮安区南部、饶平县南部。

（3）暂不列入本次规划的县区有：云安、揭东、揭西、陆河、新会、开平、阳东、阳西。

在策划拟建大、中型百香果生产基地时，应向当地气象台、气象站求援取得近10~15年当地气象气候系统整理资料，并参考本书的区划标准，才能做出更实际的决策。

第四章
百香果主要品种

第一节 主要种类

常见4类百香果的主要形态特征和生物学特性（表4-1）。

表4-1 常见4类百香果主要性状

种名	果色	果形	果皮厚度及果汁色	原产地	栽培地区	生物学特性
紫果百香果 *Passiflora edulis* Slims	紫色	卵形至球形，果长4~9厘米，果径3.5~7厘米	皮厚3~6毫米，汁黄橙色	巴西至阿根廷	澳大利亚、印度、斯里兰卡、南非、夏威夷、中国	通常分布于高海拔地区（90~1 800米），微耐寒，风味佳，宜生食。产量较低，品种间变异大，对萎凋病（fusarium wilt）敏感
黄果百香果 *Passiflora edulis* Slims f. *flavicarpa* Deg.	黄橙色	卵形至球形，果长6~12厘米，果径4~7厘米	皮厚3~10毫米，汁黄橙色	未知，可能为澳大利亚	夏威夷、肯尼亚、印度、中国、澳大利亚、加勒比海地区	分布于低海拔地区，海拔750米以下，风味佳，酸性强，宜加工。产量高，抗枯萎病，有自交不亲和性，耐旱性强，耐湿性弱
香蕉百香果 *Passiflora mollissima*（HBK）Bailey	黄橙色	长卵形稍弯，果长6~10厘米，果径3~5厘米	皮软带革质，有茸毛、汁橙红色，有芳香，淡酸至酸味	墨西哥至南美北部安第斯山脉	南美、澳大利亚、新西兰	只能生长于高海拔地区，产量高，可达35~45吨/公顷，对褐斑病（brown spot, *Alternaris* sp.）敏感
大百香果 *Passiflora quadrangularjs* L.	黄绿色花萼端有紫晕	长卵形，果长10~30厘米，果径10~18厘米	中果皮厚而软，约2~3厘米，肉淡绿色，有淡淡风味，果肉微酸，有芳香	热带美洲	热带地区	广布于热带地区，种内品系多，因此，果肉厚度，风味变异极大，适合家庭栽培，需人工授粉

一、紫果百香果（*Passiflora edulis* Sims）

紫果百香果为世界主要栽培种类，有人说其起源于巴西南部，阿根廷北部和巴拉圭靠南回归线附近一带的南亚热带雨林边缘地区。主要栽培国家有肯尼亚、科特迪瓦、南非、巴西、澳大利亚、新西兰、斯里兰卡、中国和印度等。该种果实成熟后呈深紫色，适应于北半球北回归线以南至热带之间的南亚热带气候区及南半球南回归线以北至热带地区以南的亚热带气候区或热带高地气候条件，耐寒力稍强。

紫果百香果（图4–1至图4–6）生长势强，茎、卷须和叶纯绿色。叶片三裂，叶缘具细锯齿，叶茎心脏形，叶长10~18厘米。花稍小，直径约4.5厘米，新梢每节可长出一朵花。每朵花具5片发白的花瓣和萼片，2轮线状花冠，其基部为暗淡紫色，朝向边缘处为白色，雄蕊5枚，雄蕊顶部长着1个大花药，发育成果实的子房位于花中部，子房顶部为花柱，花柱分生为3个柱头，柱头末端充满黏液以便粘住花粉，花粉粒发芽雄配子随着花粉管进入子房与胚珠结合，受孕后长成种子，促进果实长大。果实圆形或卵形，直径4~5厘米，单果重40~60克，果汁香味浓、甜度较高，适合鲜食。果汁含量较低，平均果汁率30%左右。果实发育期为60~80天。

图4–1　紫果百香果果实侧面

图4–2　紫果百香果花

图4-3　紫果百香果果柄端

图4-4　紫果百香果果实横切

图4-5　紫果百香果果蒂端

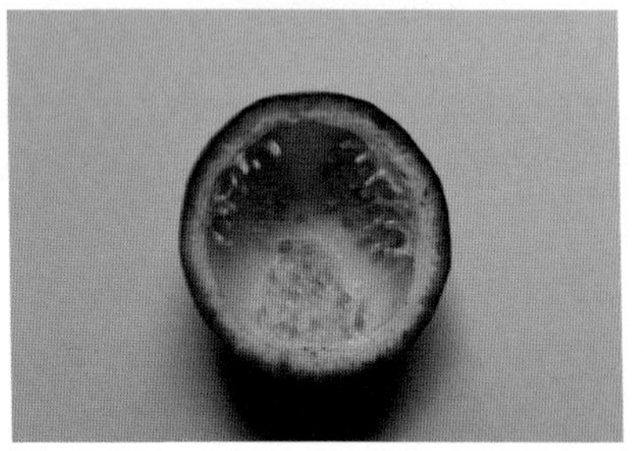

图4-6　紫果百香果种囊腔果实剖面

紫果百香果较耐寒，但不耐开花期的酷热天气。午夜开花，次日中午前关闭。

二、黄果百香果（*Passiflora edulis* Sims f. *flavicarpa* Deg.）

该种果实成熟后呈黄色，要求热带生态条件，为世界主要生产栽培类型之一。

黄果百香果（图4-7至图4-12）生长势较紫果类型更强，茎、叶和卷须带有特征性的红色、粉红色或紫色，叶片与紫果类型相似，但较大。花较大，直径约6厘米，花丝基部为明亮的深紫色。果形与紫果相似，果较大，直径约6厘米，单果重60~90克，成熟时果皮呈深黄色或亮黄色，果外表皮的星状斑点较明显。果汁含量高，可达45%。果肉含酸量比紫果种高，种子呈深褐色。在中午

图4-7　黄果百香果果实侧面

图4-8　黄果百香果的花

图4-9　黄果百香果的果柄端

图4-10　黄果百香果成熟果实横切面

图4-11　黄果百香果的果蒂端

图4-12　黄果百香果种囊腔

前后开花，21:00—22:00关闭。由于黄果和紫果的开花时间正好错开，它们彼此的天然授粉很少发生。花期从春天至晚秋均可出现，初夏有一短暂间歇，故成熟果实从初夏至冬季陆续出现。播种后约10个月开花，果实发育期约70天；播种后18个月可获较高产量，每年可获两季果实。

其优点是生长旺、开花多、产量高、抗病力较强。但该种类不

耐寒，遇严重的低温霜冻较易被冻伤、冻死。其果汁酸度大，一般用作工业原料加工果汁，不适合鲜食。

黄果百香果多数品种、品系自交不亲和，需要注意在建园中配置亲缘关系较远的黄果品种植株，通过昆虫传粉或人工授粉来提高受孕率，或选育出自交受孕率较高的黄果百香果新品种、新品系才能保证种植黄果百香果的产量和质量。

三、大果百香果（*Passiflora quadrangularis*）

大果百香果起源于美洲热带地区，巴西、委内瑞拉、印度尼西亚等国有栽培。果实黄色或黄绿色，果大型，可用于制汁，适应潮湿而炎热的热带气候。

生长势强旺，叶片圆形或椭圆形，长10~20厘米，茎的横切面为方形。花冠下垂像一个老式灯罩，花瓣内表面呈深红褐色。果实为不规则圆形或长椭圆形，长10~30厘米，直径10~15厘米，具有厚而可食的皮层，黑色的种子外面包被有汁囊（果肉）。单果重225~450克，果皮橙黄色。开花期为春季，于夏季开始成熟。整个夏季可持续开花，但因高温影响受精，正常发育的果实少。待秋季转凉后，开花、坐果又趋于正常，可收获反季果。

四、香蕉百香果（*Passiflora mollissima*）

香蕉百香果起源于南美洲，秘鲁、委内瑞拉和哥伦比亚有少量栽培。果实黄色，具坚硬果皮，果肉味美而甜。

此外，还有甜果百香果（*P. liqularis*），樟叶百香果（*P. laurifolia*）、苹果状百香果（*P. maliformis*）等，仅有局部地方栽培，经济意义不大。

第二节　我国生产中采用的主要品种和品系

一、台农1号百香果

台农1号百香果（图4-13至图4-18）是由台湾百香果专家林莹达先生于1981年在台湾凤山热带园艺试验分所以紫果种为母本，黄果种为父本进行杂交所获得的第一代优株，经过该优株扦插繁殖所得的众多优良无性株系，进行株系、品种比较试验后，确认为我国首个通过有性杂交所获得的百香果优良品种。

图4-13　台农1号百香果果实侧面

图4-14　台农1号百香果花

图4-15　台农1号百香果果柄端

图4-16　台农1号百香果成熟果实横切面

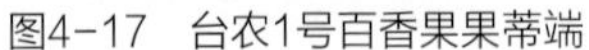
图4-17　台农1号百香果果蒂端

图4-18　台农1号百香果种囊柄

果实鲜红色，圆形，果皮无斑点，略光滑，平均果重62.8克，比紫果百香果大；果汁呈深黄色，香味浓郁，酸度比黄果种低，糖分比其他品种高出很多，是鲜配果汁饮品和工业加工成碳酸饮品均优的鲜果原料。

该品种对环境的适应性较强，生势旺，自交亲和，坐果率高，果较大，产量高，出汁率高，品质优，经多年来推广种植，已成为台湾百香果生产的最主要品种，种植面积占台湾百香果面积的2/3。该品种在北热带气候区的开花期很长，为3月中下旬至11月下旬，一年可收2造或3造果。福建、广西、广东、海南等省区多年引种证明其生态适应性、产量、品质表现均较好，花期不用人工授粉，节省成本。

该品种最大的缺点是不耐病毒病，通过带毒的芽条扦插繁殖或带毒芽条嫁接繁殖将病传播开去，可造成相当大的损失。目前还没有专设的无病毒苗圃向新建果园提供无病苗。

二、黄果百香果新株系——黄果选5-1-1

黄果选5–1–1（图4–19至图4–21）果实鲜黄、果大、产量高，果实出汁率高，果汁色鲜、味浓香，含酸量较高，品质优，适于加工。但黄果百香果自交不结实或结实率低，需要进行异株或异品种（品系）人工辅助授粉才能结果丰产，耗费大量劳动力。因此，选育不用人工辅助授粉，能在自然状态下授粉结果的优质丰产的黄果百香果新品种是生产中亟待解决的问题。

图4–19　黄果选5–1–1果实

图4-20　黄果选5-1-1初期淡红色叶片及卷须

图4-21　黄果选5-1-1后熟转绿叶片及转紫卷须

黄果选5-1-1果圆形，未熟果绿色，熟果鲜黄色，单果重68.4克，平均株产果4 757.6克，其最显著的特点是在自然状态下能大量结果，自然坐果率高达46.7%，比华扬1号高7.3倍，产量高6.9倍，其加工品质及鲜食品质均较好，出汁率为39.3%，果汁含可溶性固形物15.1%，每100毫升含酸2.4克、维生素C 30.32毫克、还原糖14.3克。是当时国内外报道的唯一不用人工辅助授粉且产量高、品质优的黄果百香果新品系，它可免除人工辅助授粉才能结果所耗费的大量劳动力。

三、华扬1号

华扬1号百香果是20世纪80年代由华南农业大学陈乃荣教授从黄果百香果中选育的。该品种在华南地区收获期为7月中下旬至12月底。平均单果重78.2克，果实可溶性固形物16%，总糖11.1%，还原糖含量7.1%，总酸含量3.9%，每100克果汁中维生素C含量14.6毫克。该品种果大并具有丰产潜力，但该品种有很强的自交不孕性，自然坐果率很低，只有5.6%，必须人工辅助授以异品种、异品系花粉授粉才能高产。经人工授粉，每亩产量也可达1 500千克，华扬1号鲜果是良好的果汁加工原料。因其需要人工授粉，花工多，导致该品种的推广面积不够大。

四、满天星

满天星百香果（图4-22至图4-24）果实椭圆形或卵圆形，横径7.5~8.5厘米，纵径10~10.5厘米，单果重量50~60克。成熟果皮紫色至深紫色，因果皮分布有很多呈黄白色的气孔斑，因此被形象地称为“满天星”。果肉黄色，鲜果甜酸，糖度较高，果汁含量29%~30%。每个果实含种子45~145粒。自花结实，坐果率50%以上，可连片种植，不需要人工授粉。在海南热带，花期3—4月，成熟期5—7月，为第一造果。密植园3年生树平均株产10~15千克，丰产性好。

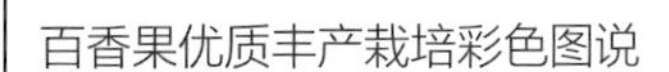

图4-22　满天星百香果（左：成熟果；右：未熟果）

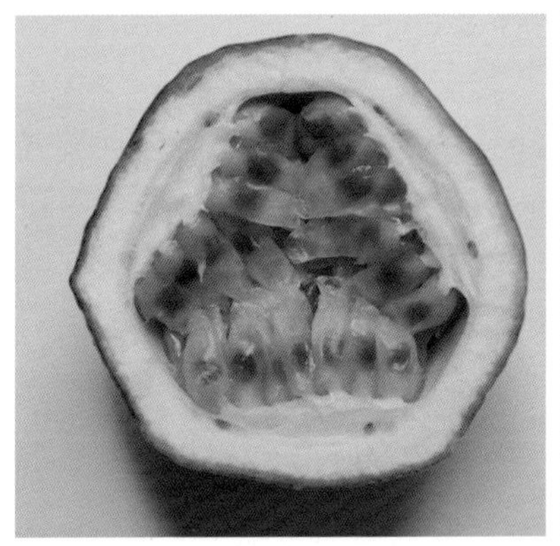

图4-23　满天星百香果果实横切

图4-24　满天星百香果皮囊腔

五、吉龙1号

吉龙1号是广西龙胜县一农民将台湾种与当地种杂交培育的新品种。该品种适应性广，抗逆性强，较耐寒，病虫害发生轻，早结丰产。果紫色或紫红色，果实鸭蛋形或球形，生长快，当年种植当年开花，自花授粉坐果率80%以上，不需进行人工授粉。丰产性好，平均单果重61.28克，果实品质好，含糖量为15.4%~21%，维生素C含量丰富，每100克果肉含维生素C 49毫克，香气浓。

六、黄金果

黄金果有大黄金果和小黄金果（图4–25至图4–29），大黄金果花期和坐果时间与满天星相似，细茎紫红色，果实圆形，成熟果皮黄色，与原生黄果种相比糖度高。果汁含量约34%，香味浓，有番石榴的香味，适合鲜食，单产1.6吨/亩。小黄金果果实相对偏小，圆形，成熟时果皮黄色。花期5—11月，在海南开花至成熟需50~70天。果汁含量约30%，香味浓郁，适合鲜食，单产1.5吨/亩。

图4–25　黄金百香果（左：小黄金果；右：大黄金果）

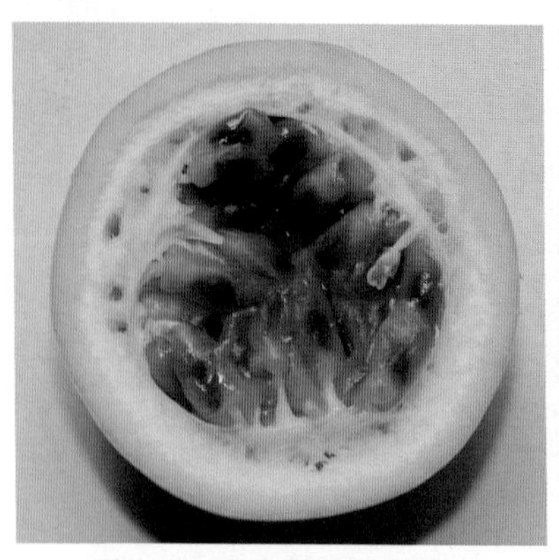
图4-26　小黄金果果实横切面

图4-27　大黄金果果实横切面

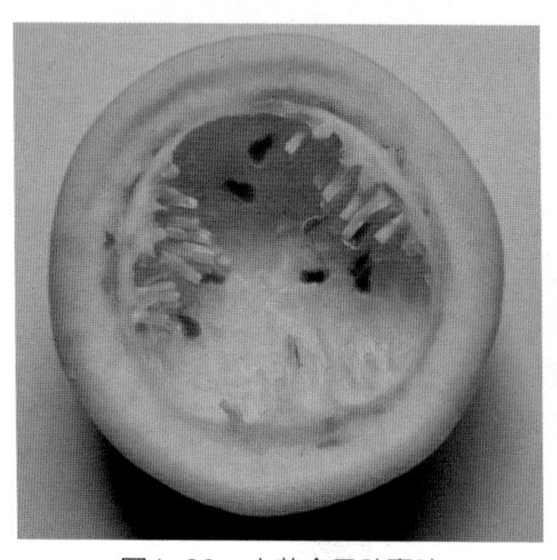
图4-28　小黄金果种囊腔

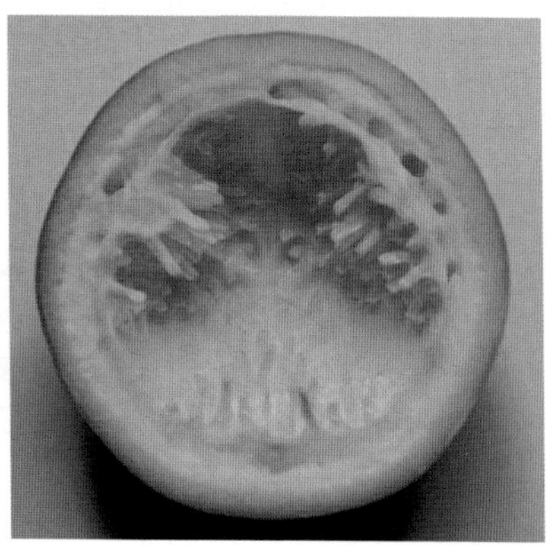
图4-29　大黄金果种囊腔

第三节　品种选择

在进行百香果种植栽培之前，首先要做的就是进行百香果品种的选择。目前，就我国百香果推广种植情况看，有黄果、紫果及杂交种等百香果类型。在实际生产中，紫果系列百香果的甜度及所富含的维生素远高于其他品种，鲜食品质最优，并且在一般情况下，自然授粉的坐果率能够达到60%，但是果汁率较低，抗病性一般，适合网络销售、提供鲜食需要。从广西的百香果种植情况来看，也以紫香系列百香果的种植面积最大，其覆盖率在百香果种植当中为70%左右。除此之外，台农系列百香果的单果较大、产量高、果肉饱满、味道酸甜可口，对于病虫害的抗性一般。黄金百香果抗性较好、果色金黄、外观漂亮，但自然授粉坐果率差，需人工辅助授粉；黄果百香果系列品种需要高温多雨天气，生势旺，丰产性好，果汁含量高，果汁香气最浓，虽因果汁酸度大，不宜鲜食，却适合果汁加工工业对原料的要求，只要种植不需人工授粉的黄果品种（如黄果选5-1-1）或认真做好人工辅助授粉，坐果率高，产量高，成本相对较低，大批量收购原料售价也会便宜一些，厂家会乐意签约收购，对农村的专业生产果农也有利，可以根据市场实际需求，因地制宜地挑选适合品种种植，保证果农增产、增收，果汁加工企业原料充足、产业兴旺，大家都能获得最佳经济效益。

第五章
百香果育苗技术

培育不带病毒、病菌、线虫的良种壮苗，是发展百香果生产的重要基础工作。在重点发展百香果生产的省、市要建立专业的育苗场圃。负责保护、保存优良珍稀的种质资源，开展新品种选育与良种繁殖工作，依需及时繁育良种壮苗，配合政府有关部门做好苗木市场的监管工作。

苗圃要建在百香果的生态适宜区内，远离病毒病、线虫病株较多的老果园，远离与百香果有同一病源的葫芦科、茄科瓜菜及烟草生产基地，避免互相传染；不在前作有根线虫病的地块上建苗圃，以免染上线虫病。

最好选在周边是水稻田，中央为凸出的旱坡地，土壤为微酸性的壤土、沙壤土，在旱有水灌、涝可快排且交通比较方便的地方建苗圃。

育苗的方式有培育实生苗、扦插苗、嫁接苗、组织培养苗4种，可根据生产技术要求灵活选用。

第一节　实生苗培育

一、实生苗繁殖的优点

目前繁殖大部分采用扦插繁殖，此繁殖方式虽快，但极易携带病毒，种子繁殖虽慢，但不会携带病毒。所以研究种子的繁殖方法、发芽条件，有利于提高种子的利用率，可在生产中广泛应用。

有研究报道，用60粒种子发芽，全部幼苗均无病毒症状表现，用血清也未检测出百香果黄色花叶病毒的存在。

百香果的种子无休眠期，采收后即可播种，鲜种子萌发率可达95%。繁育技术中，种子的采种母株很重要。首先从健壮无病、高产优质植株上选取完全成熟，深紫色、红色或黄色，果皮稍皱缩的果实，挖出瓤囊，去除种囊皮与汁，洗净后阴干并尽快播种。

种子的生命力与贮存时种子的含水量、贮存环境的温湿度、贮存时间的长短密切相关，在良好的温湿度条件下，百香果种子较耐贮存，生命力强。洗净阴干的种子采用干净白卷纸小包装，放入经打2个通气小孔（直径1厘米）的塑料薄膜袋中，每袋放20个小包，在较干爽且空气流通的室温条件下，放置80天，经催芽播种后其发芽率可达80%。如将洗净阴干的种子放入可调温湿度的温箱中，在4℃空气湿度为60%的储存条件下，无论采用何种包装方法，其种子生命力表现都很强，贮存200多天后，还有相当高的发芽率。如播种的时间需要推迟，可将成熟果实经杀菌剂表面完整消毒后放在室内通风透光处让其阴干，1个月后种子发芽率仍很理想。如将成熟果实洗净放在杀菌溶液中充分消毒后，放在13℃的环境中，贮存2个月后取种子播种，其萌芽力仍相当好。

有研究报道，刚收获的种子含水量为20.3%，发芽率为88%；而把这些种子放置在35℃条件下干燥，当含水量为9.1%时，其发芽率为80%；继续干燥至种子含水量为5.2%时，其发芽率下降至66%。含水量为9.1%的种子，用塑料袋密封后，放在空调室内（温度为20℃，相对湿度约50%），贮存12个月后，其发芽率还可达到72%；要是种子的含水量仅为5.2%，放入塑料袋内贮存，无论是封口还是不封口，在室温条件下（温度为20~30℃，相对湿度约90%），放置10个月后，该处理的种子全部丧失了发芽活力。因此，预定贮存的种子不能太过干燥。根据百香果种子的生物学特性，实生苗培育（图5-1）可广泛应用。

百香果种子萌发适温为25~30℃，在催芽处理期间，若温度超过35℃或低于15℃，都会对种子萌芽生长有抑制。在我国南亚热带气候区，一般都会在6—7月收第1造果，10—11月收第2造果时采果播种。这两段时间的自然温度对种子萌发生长都很有利。

图5-1　百香果实生苗培育现场

二、培育实生苗的方法步骤

1．浸种

将洗净的种子放入清洗干净的容器中，注入净水，以浸过种面2厘米为度，泡浸1~2天，以便种子通过种脐的孔道吸水萌发。开始浸种时先在40℃的温水中泡一天，有促进种子萌芽的作用。通过自动恒温箱或定时更换兑好的40℃温水来保持温度的稳定。在浸种时，宁可温度稍低，不可温度过高。

2．催芽

一般采用直径60厘米的圆形竹织簸箕（容易泄水、底部可透气）底部铺经洗净晒干的双层纯棉蚊帐布（或洗净的单层黄麻编织的装米袋），中层平铺0.5~0.6厘米厚经浸种的种子，上盖与底铺同样的覆盖物，每天用小花洒淋水2次（过多的水让其自然流走），放置在室内无阳光直射、空气流通的地方，一般15~20天就会萌芽（种子越新鲜，萌芽越快）。每次所淋的水都应是洁净的水，可减少催芽过程中出现霉变。用过的蚊帐布和黄麻编织布洗净后蒸煮、晒干，存放下次再用。

3．分批播种

将已萌芽的种子分批播种到塑料袋或者育苗床中，育成实生苗。百香果的种子在催芽过程中萌吐是很不整齐的，当有约30%种子露白，萌吐芽长1.5~2毫米时，即为第一批挑选达标种芽的时机，2~3天后，又挑选第二批种芽，一般分3~4批挑选萌芽速度大体一致的种子为同一批次播种，使各批次内的苗木长势较整齐。用不锈钢镊子小心地将已萌动露白部分长达1.5~2毫米的种子挑选出来，移植到高20厘米，口径15厘米的塑料袋（离底部1厘米的袋壁上统一位置打有直径1厘米的圆形排水口），该袋已先填装16厘米高的营养土。操作工用小竹片先把袋中的土稍拨平，用镊子夹紧露白种子等距离平放或将露白端向下轻放在袋中土面，每袋等距离播3粒，然后用小铲将配好的营养土覆盖在种子上，厚1.5~2厘米（此时距塑料袋上缘仍有2~2.5厘米的高度，可装雨水、肥水），即可将已播种的袋按顺序摆放到露天袋苗床，进行正常的管理。

营养袋土、移植苗床的位置选择及土壤准备是一项重要工作。营养袋土宜选用未种过前作、土层较厚、疏松肥沃、试纸测定pH 5.5~6.5的酸性壤土或沙壤土。取土打碎后，通过筛孔为2毫米的斜放竹织筛，过筛后的细碎土，即为待用的原料土。

建议选用优质有机肥。所选肥料主要以鸡、猪、乳牛、肉牛等禽畜粪便为原料，添加优质花生麸、氨基酸、腐殖酸、有益微生物，一起放入高罐发酵制成。这样的肥料含有机质约60%，有机氮、磷、钾含量≥8%，含铁、硼、锌等7种微量元素，与百香果袋苗基土合理混配后，对提高苗木健壮度有好处。

过筛原料土与肥料混合的比例是：100千克原料细土均匀撒上2千克肥粉，边混合边喷100千克含尿素200克、硫酸钾150克或氯化钾肥100克的肥液10千克（100千克水+200克尿素+150克硫酸钾肥或100克氯化钾肥）的净水，充分混合好，用塑料薄膜覆盖营养土约20天，即可使用。

如用育苗畦播种，则畦面宽100厘米，畦沟宽60厘米，畦面细碎土深20厘米，每6米为一畦段，每畦段撒施有机肥2千克，喷含0.2%尿素+0.15%硫酸钾肥液20~30千克，仔细混合好后一个月可用来育苗。播种沟行距30厘米，播种沟深2厘米，每个播种点距为20厘米，每点播露芽种子3粒，覆土2厘米，拨平畦面，定时淋水即可。

4. 日常管理

为防夏季暴雨淋冲，畦面可覆盖1厘米厚的稻草，当百香果种苗长出畦面后，即可将稻草集中置于幼苗的行间，苗长到15厘米高即可将草除去。天旱时2~3天淋洒一次水，至畦面0~25厘米，土层保持湿润即可。每半个月淋洒0.2%尿素+0.15%硫酸钾肥液一次，做好防高温、防暴雨苗圃积水、防病虫侵害苗木等工作，同一苗圃有多个品种、品系种苗的，要插好标签牌，记好畦号和品种排列图，在操作移动中防止出现混乱。在苗木出圃时，如同时有多个品种的要先准确插好每个袋苗的标记牌，或分束缚扎好苗木及标记牌。

三、培育杂优一代系良种实生苗

杂优1代种子培育的实生苗在生势、抗病性、丰产和优质等方面都具有较多优点，应注意采用现有的优良杂交品种——台农1号无性繁殖后代植株中选出的优株，从当代及其无性系后代优株中采集种子，或从黄果选5-1-1的无性系优株中采集种子播种，使实生苗的优良种性较整齐，年年坚持优株采种工作，克服当前实生苗种质较为混乱的困难。

对于有条件的大型苗圃，大农业科研单位要设法引入保存抗病毒的百香果新类型、新品种，如红色百香果（*Passiflora coccinea*）和朱红百香果（*Passiflora cincinata*）与台农1号百香果和黄果选5-1-1等杂交，选育出抗病毒、抗茎基腐病、丰产优质、适应华南气候条件的百香果新品系、新品种，坚持年年按需、按订单制种。

第二节　扦插苗培育

南亚热带地区5月及9—10月的气候条件都适合进行扦插育苗（图5-2），选取来源清楚、品种品系纯正、生长壮健、丰产优质、无病毒病症状的植株，或该植株的扦插苗不出圃留下专供剪插条的植株（根据育苗数量而留下的数十株至数百株植株，在网室隔离栽培）采集插条。插条段应是上一年或上半年吐芽生长老熟、叶片完整、芽眼饱满的枝条。

每条茎段一般应包含3个节，长15~20厘米，下端剪口应剪在节下端0.5厘米处，上端剪口应剪在芽眼上方1厘米处，茎段只留上端一片叶，并剪去叶片的一半，下端两片叶及卷须剪除，下端斜削面与上端芽眼相平行，刚好保留节段的2/3，有利于生根，所用的刀、剪应保持干净及锋利，以免剪削时挤压伤及枝条其他部位，影响长根及吐芽。

图5-2　百香果扦插苗培育现场

插床的土壤准备与实生苗培育有同样的要求，但因每枝插条下端的斜削口较大，且伤口的上方是吐根部位，伤口若遭病菌感染就难长根，因此插床上面应用多菌灵、代森锰锌进行消毒。

插床畦面宽1米，高出畦沟面20厘米，仔细松碎土层深至30厘米，按每100千克土量施入有机肥1~2千克，0.5千克含氮、磷、钾各15%的复合肥充分混合，放置1个月后备用。

插条扦插前，其下端1/3用0.01%ABT生根剂水溶液浸泡约5分钟后，立即进行扦插，按株距5厘米，行距15厘米，将扦插段下端2/3插入床土中，在苗床上用竹片搭简易弓形架，晴天阳光太强时可拉黑网纱挡光，暴雨前拉防雨透明薄膜防雨水冲刷，天气干旱时，及时洒水保持床土湿润，暴雨后及时排水，防止苗床浸水超过8~10小时。在这样的条件下，插条约1个月即会长根吐芽。天气正常时，即可卷好黑网纱及防雨膜，让扦插苗自然生长，隔15~20天施一次含0.2%尿素+0.2%硫酸钾（或0.15%的氯化钾）的水肥促长。苗床露天过冬时要注意覆膜防寒。9—10月扦插至翌年3—4月苗木已长出10~12片真叶时即可定植至果园。

有的地方当扦插苗第一批萌吐的新芽展叶老熟后即移入塑料袋培育袋苗，使苗木的根系保持得更完整，定植成活率更高，长得更快，开花结果更早。

第三节　嫁接苗培育

一、优良砧穗组合嫁接苗的优点

嫁接育苗（图5-3）中不同砧穗组合会影响果树的生长，开花结果期的迟早及丰产性、植株对环境的适应性、对病害的抗性、果实品质等诸多方面也提高了优良品种芽体的利用率，提高了果园的商品一致性。南非的试验表明，转心莲百香果做砧木，对根腐病和

图5-3　百香果嫁接苗丰产树

茎基腐病的抗性比紫果种或黄果种都高，也耐根线虫，因此引起了大家的重视。

据张文斌2018年报道，利用黄金百香果抗茎基腐病强的优势，以黄果百香果的实生苗做砧木，台农1号百香果种子培育的实生苗采接穗，培育嫁接苗，在果园定植后比对照紫香1号表现好。

1．开花结果早

新组合的嫁接苗5月15日开花，比对照紫香1号提早15天开花，7月上旬果熟上市，由于上市早，卖价高，从而提高了效益。

2．果实品质好

7月成熟的果实呈深鲜红色，单果重93.6克，果肉深黄色，果汁含可溶性固形物16.5%，含酸量2.56%，果汁率33%，保持了台农1号百香果的优良品质。

3．产量提高

黄果百香果砧台农1号穗优良砧穗组合试验区2014年平均产量为1 562.1千克/亩，比对照紫香1号试验区平均增产279.2千克/亩，增幅达10.3%，增产显著。

4．抗茎基腐病更强

在此病盛发期到试验区随机调查各100株，黄果百香果砧台农1号百香果穗组合试验区没有发现病株，而对照紫果百香果区发现患茎基腐病株9株。

二、培育嫁接苗的方法

1．实生苗培育和接穗要求

在茎基腐病和病毒病为害都较严重的地区，建议砧木和接穗都采用塑料袋播种实生苗。在生长健壮又丰产优质的黄果百香果母株上采集种子播种在塑料袋培育实生苗作砧木苗用，在生长健壮又丰产优质的目标良种母株上采集种子在塑料袋培养实生苗或在该母树上采剪合格枝条作接穗用。

2. 把握嫁接时机

嫁接苗嫁接时的砧木和接穗粗度都要求嫁接部位达到直径5毫米左右，而且充分老熟。这就要求要协调好砧木和接穗苗的播种期、管理和生长速度，接穗母树的抽吐期和最佳嫁接季节之间的协调。在南亚热带地区10月天气开始转凉，雨量开始减少，天气好的时间多，9—10月是一年中最好的嫁接时机。有温室的苗圃亦可选择在3月进行嫁接。选用嫁接方法培育百香果苗的一个重要目的是提高植株抗茎基腐病的能力，因此嫁接口要提高到离地面35~40厘米，充分发挥抗病砧木段的作用。因此，砧木苗培育的时间要长些，直至砧木长到高过土面50~55厘米才能短截进行嫁接。为了每株砧木苗都长得直壮，需要在每个袋边插上一枝长55厘米的小竹枝或竹片，直插入地15厘米，以便及时将砧木苗缚扎在竹枝上，以防止风将钻木苗吹倒伏，方便嫁接人员的操作。

3. 常用嫁接方法

嫁接方法有多种，百香果嫁接多采用劈接法，这也是瓜类嫁接常用的方法，砧穗削口接触面较大，操作方便。关键是刀具要锋利并且应及时消毒，不让接穗伤口接触到病菌。

4. 苗木出圃

当嫁接苗接穗新芽段安全过冬，翌年3月苗木就可以出圃定植到果园。注意填好苗木出圃单，以及插扎好品种标志牌，防止混乱。

第四节　培育组培苗

通过国内外科技人员的研究，在特定成分的培养基中放入百香果实生苗的叶盘、胚苗的下胚茎、花药等外殖体，在一定温度、湿

度、光照度的培养条件下，形成愈伤组织，并分化出根、茎、叶完整的植株。这些新植株可保留母株的优良种性，又不带病毒，如有需要就可以建立规模化工厂育苗，提供大量优良苗木来建设大规模百香果生产基地。

第六章
百香果建园与定植

第一节　建设生产基地的注意事项

一、做好调查工作

根据本省、市百香果鲜果销量及加工生产线原料需求的数量及质量调查、预测以确定生产基地建设的规模和目标。

二、做好生产基地选址工作

（1）基地应选在百香果生态适宜区内，以免基地遭受严重的寒冻害和8级以上大风的严重风害。

（2）交通方便，无须自建公路与已有公路联通，只需搞好场内道路系统联通，或建短程公路即可与已有公路网络连通。

（3）选择坡度低于20°的低丘陵坡地，向阳通风较开阔、土层较深厚，pH 5.5~6.5，土壤含有机质1%~1.5%，比较疏松的壤土或沙壤土，容易修建等高梯田和排灌系统。

（4）新建的百香果园地，要求与葫芦科、茄科蔬菜基地及瓜果基地和烟草基地有较远距离（2 000米以上），以防止相同病原的病毒病互相传染。前作未见根结线虫病害的新开荒地或属于低产水田、蔗田旱地，忌用大面积未风化的底土来建园。

（5）新建的百香果园要靠近易引水的水源，旱可引水灌溉，雨水太多时又容易排涝，方便建设引灌水渠和滴灌设施。

（6）要预先配好育苗基地，培育足量的良种壮苗，主要供加工果汁饮料原料用的，要准备好能自花授粉、受精的黄果类良种苗。主要供消费者自兑鲜果汁用的，则要准备好紫果类和红果类品种（如台农1号百香果）良种苗。

（7）建设大型果园的测量规划工作要请水利和林业部门派出

测量小组测量1∶1 000的地形地貌图，据此做出基地建设设计图；并帮助基地用水平仪、经纬仪测量等高梯田的标准线，以利于高质量、低消耗的施工作业。

第二节　开园作业

一、建园规划

1．提出基地建设平面规划图

（1）标出场部办公区、职工宿舍区、生产资料仓库、农机仓库、鲜果分级保鲜包装场、临时周转仓。

（2）果园地段划分。

（3）园区主路、支路、人行路的区划。

（4）灌溉及排水主线路规划。

（5）山体上中部水源林、园区防风林带的线路。

2．建园作业

由于百香果是藤本攀缘植物，果园需要搭架供百香果植株藤蔓攀附上架、伸展生长，有更多受光机会，从而生长健壮，开花结果多、品质好。百香果开园施工程序、要求与直立向上向树冠周围空间伸展生长不同。

二、不同地形建园方法

1．山坡地果园

（1）山坡地果园要建等高梯田。梯田面宽在1.6米以上，梯面向内侧倾斜3°左右。施工中要先把表土分段堆放，然后再开挖底土，底土尽量挖成长方砖状，叠筑成梯田外壁。外壁的上端修筑高于梯面20厘米、宽25厘米的小土堤，防冲刷。梯田内侧修宽25厘

米、深20厘米的竹节沟，小雨时可蓄些水防旱，大雨时可及时排水。梯田面外侧离土堤15厘米处开始将宽1米、深20厘米的土面全挖松。

（2）按株距挖长、宽、深各60厘米的定植穴，每穴施优质有机肥10~20千克，氮、磷、钾含量均为15%的复合肥1千克，绿肥禾草碎20千克与表土充分混合1~2个月腐熟后待用。

（3）按设计搭架，除坡度特别缓和、梯面特别宽的梯田外，一般只设一列架，特别宽阔的梯面才设2~3列架。

2. 平地果园

（1）大体上平整建园范围的土面，尽可能推平小凸出或填平小凹地，或小湾取直边，使梯带地形较整齐。规划出若干个大区，规划出交通线路、灌溉和排水网、防风林网。搬走乔灌木树头、石头，搬走大丛草头、捡走茅草根并在晒干后烧掉。

（2）具备机耕条件的全园全面翻犁25厘米深。用白石灰粉划出地块、畦面畦沟，挖出畦沟土拨向畦面形成龟背畦面。按规划插上架桩点标记备用。

（3）按定植标签挖好定植穴，并施好定植穴基肥。按长、宽、深各60厘米挖好定植穴，每穴施入优质有机肥10~20千克，含氮、磷、钾各为15%的复合肥1千克，绿肥禾草碎10~20千克与表土充分混合后，回填好定植穴，经1~2个月风化腐熟后备用。

（4）按规划搭好架。按搭架桩点挖好插桩穴，放桩入穴后四周压实，拉好钢线，拉紧固定桩线。

第三节　棚架的选择、安装和维护保养

发展百香果、猕猴桃、葡萄等需攀缘生长的果树都需要选择果园的适宜架式。棚架有单线篱式架（图6-1）、双线“T”形架

（图6-2），双柱交叉支撑构成的拉3条线的“人”字架（也称为“A”字架）、平顶架、拱形架等几种。架式对百香果园的光能利用，单位面积产量，果品质量，病虫害严重程度，防治喷药难度，日常修剪、授粉、喷药，喷根外追肥工作难度，抗风程度都有很大影响。

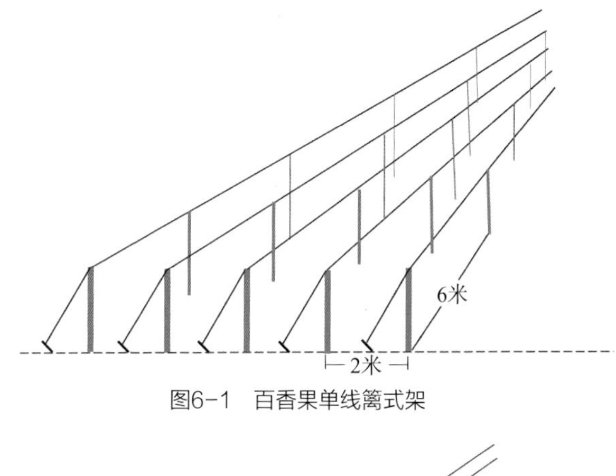

图6-1　百香果单线篱式架

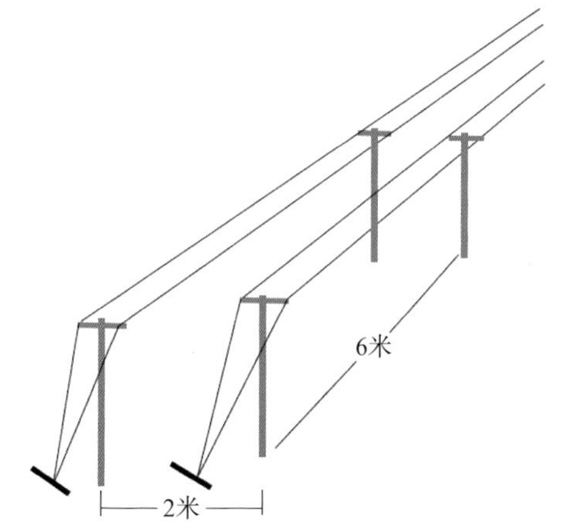

图6-2　百香果双线“T”形架

大型拱圆形架大多见于公园、大百香果基地及大型住宅楼盘的休闲园区，主要考虑展示、挡阴、凉爽通风的作用，结构施工复杂，对公共安全要求高，一般不用于生产。大型平棚架多用于职工工间休息和客户休息乘凉。宽度不是很大的平顶长条形架，有的地方也有利用，建棚用料较多，搭建用工较多，虽抗风力较强，但光能利用率低，管理操作不太方便，因此较少用。亦可利用猕猴桃园的平顶长形旧棚架来种植百香果。

单柱单线篱式架，单柱双线“T”形架、双柱三线“人”字架这3种架式，结构简单，有利于百香果攀缘展开，叶片受光面积大，可充分利用光能，生长迅速，有利于促花壮果，丰产优质，工人管理操作也较方便，搭建成本也较低。

“人”字架和单线篱式架抗风力强，光照好，单线篱式架还具有成本低作业方便，病虫害轻等优点，已在儋州市大面积推广。

第四节　定　　植

一、种植密度

各地的气候、土壤、水利、管理、技术条件等存在差异，从而影响种植密度。据报道，从每亩种植22株的疏植到每亩种植151株的高度密植均存在（表6–1）。

表6–1　各地百香果种植密度的若干实例

省、区	市、县	种植单位名称	株行距（行距×株距）/米	每株面积/米^2	每亩株数/株	评论
福建	长泰	长泰县供销社	6×5	30.00	22	太疏，难早丰产
福建	龙岩	龙岩市兴罗区农业农村局经作站	5×4	20.00	33	疏植，难早丰产
福建	龙岩	龙岩市新罗区良种场	4×4	16.00	41	中等偏疏

续表

省、区	市、县	种植单位名称	株行距（行距×株距）/米	每株面积/米^2	每亩株数/株	评论
福建	武平	武平县农业农村局城厢镇农业技术推广站	2.2×2	4.40	151	密植，投产两年后疏去1/2
广西	北流	北流市农业农村局山围镇农业技术推广站	5×4	20.00	33	疏植
广西	北流	北流市农业农村局山围镇农业技术推广站	8×2	16.00	41	中等偏疏
广西	北流	北流市农业农村局山围镇农业技术推广站	6×2	12.00	55	中等密度
广西	南宁	广西农业技术学院	3.5×2.5	8.75	76	中等密度
广西	隆安	隆安县农科研究所	3×2	6.00	110	密植，易早丰产
广东	茂名	茂名市水果科学研究所	4×3	12.00	55	中等密度
广东	茂名	茂名市水果科学研究所	3×3	9.00	74	中等密度
广东	五华	五华县农业农村局	5×4	20.00	33	疏植
广东	五华	五华县农业农村局周江镇农业技术推广站	4×3	12.00	55	中等密度
广东	五华	五华县农业农村局周江镇农业技术推广站	3×3	9.00	74	中等密度
海南	琼海	琼海市农业技术推广服务中心	4×4	16.00	41	中等偏疏
海南	琼海	琼海市农业技术推广服务中心	4×2	8.00	83	密植
海南	琼海	琼海市农业技术推广服务中心	3×2	6.00	110	密植，易早丰产
云南	西双版纳	中国科学院西双版纳热带植物园	3×3	9.00	74	中等密度

由此可见，多个种植点选择了每亩种植40~75株这一中等密度，这也是国外及我国百香果种植先行点种植的密度。

二、定植期的选择

根据百香果生态适应性和栽植地区气候条件多样性，其适宜定植期有多种选择（表6-2）。主要定植期要求天气条件好、易管理，定植后植株恢复生长快、成活率高。

表6-2　不同生态气候产区选择适宜定植期的差别与理由

产区所在的生态气候区	适宜的定植期	理由与评论
北热带（台湾和海南）	主要避过龙舟水连续暴雨、大台风及≥35℃酷热，其他月份均可种植	百香果根系最不耐涝，若连续受浸24小时以上，很多嫩根会浸伤而死。根浅生也不耐旱
典型南亚热带气候区（包括广西玉林市、贵港市、钦州市、南宁市、崇左市等，广东茂名市、云浮市、阳江市中北部、广州市中南部、惠州市中南部，福建漳州市、厦门市）	目前我国主要产区一般选择3月、9月为适宜定植期。其中9月定植特别适合定植后11个月即可第1造果早丰收的果园	本区的两段适栽期天气适合苗木定植后迅速恢复生长要求，成活率较高。9月定植，特别适应希望定植后10个月就能收第1造果，亩产400千克，定植后15个月，能收第2造果，亩产200千克，以后亩产稳定在1 200千克以上的要求
南亚热带春旱严重区（主要是云南东南部春旱严重区）	5月下旬至6月下旬下过1~2场透雨进入雨季后	该区多数年份冬连春旱，甚至到6月上旬才降1~2场透雨，进入多雨季节。提早种植要具备勤灌淋水条件
中亚热带南部冬春有寒潮冷害地区	3月中旬倒春寒结束至4月雨水均匀时	一般年份12月下旬至翌年2月都会出现若干次寒潮霜冻，对百香果造成威胁

若我们的百香果新基地地处百香果生态适宜区，一般不会有严重的寒冻害和8级以上大风严重损害，种的是良种营养袋苗，土壤比较肥沃疏松，排水、灌水比较方便，采用单线篱架式支架，宽株窄行适当密植，施肥修剪及病虫害防治也能做到及时、周到。选择

在9月上旬定植，9月下旬至11月下旬完成主蔓上架及培养好2条第1级侧分支、5~6条第2级侧分支，越冬后于2月下旬至4月下旬养好10~12条第3级侧分支和20~24条第4级侧分支，作为结第1造果的优良结果枝，7月收第1造果，亩产达400千克。收第1造果后及时回缩修剪结果枝，施足肥于8月培育好第5级结果枝，施足肥，使其能于9月底至10月上旬开花结果，12月下旬收第2造果，每亩产果200千克，达到定植后15个月内收2造果、亩产果600千克早结丰产的目标。以后年收2造果，年产量稳定在1 200千克以上，实现早结丰产稳定目标是有可能的。

三、定植的操作要求及定植初期的管护

不同地形环境按照其特点进行规划。

（1）提倡种植营养袋苗，根系能保全，植后恢复生长快。运苗时轻拿轻放，苗袋互相紧贴，防倒散，保全根系。

（2）在种植穴位中央，挖开一个与营养袋高度及直径相当的植穴，每穴分派好袋苗，拿利剪剪开并剥除营养袋膜，确保土球不松散，双手将土球及苗小心放入植穴中，然后用右手拨松碎表土分层填埋在土球周围并压实，种植深度与土球表面及穴面相平即可。剪除苗木基部的一些老叶，在植穴上铺上一层干稻草保湿，如天气干旱，则需2天淋1次水，促苗成活，提高成活率。

（3）定植后15天左右，如发现死苗缺株要及时补种，确保齐苗，然后转入幼树的正常护理。

第七章
百香果肥水管理

第一节 施 肥

百香果周年常绿，同一植株在一年中多次长出新根、抽吐新蔓、开花结果，挂果期长，周年均需充足的阳光、水分和各种营养元素的供应，克服各种自然灾害后才能生长健壮、丰产优质，向消费者提供满意的果品。

一、通过成熟叶片的营养元素含量测定结果指导施肥

通过多年对多个生长健壮、开花结果正常、丰产优质的百香果园在有代表性植株上，采集同一部位的成熟度一致的叶片，通常是采取枝蔓顶端以下第3片叶，进行营养元素含量的测定，取得的数据作为那个产地的叶片营养成分含量的参考值标准（表7-1），与一般果园定期检测所得数据进行比较，就可以提出该园的施肥较准确的调整意见。

华南各省区的大型百香果生产基地都应重视这方面工作，选取有代表性的生长健壮、丰产优质的果园及出现缺素症、低产劣质果园进行营养元素含量测定和对比，及时准确地进行施肥中各元素含量比重的调整。华南各省区的农业院校及研究所都有条件帮助分析测定。

二、平衡施肥及改良土壤

华南地区果园大多分布在丘陵坡地上，这些果园的土壤大多存在着有机质含量少、酸度大、有效矿物元素不足、土质较黏实等缺点；很多果园的土壤有机质含量在1%以下，处于缺乏状态。增加果园土壤有机质含量是土壤改良的关键，土壤有机质对提高土壤肥力水平有重要作用。

表7-1　3个生长结果正常的百香果园成熟叶片营养元素测定的数值

指标	氮/%	磷/%	钾/%	钙/%	镁/%	硫/%	铁/（毫克·千克$^{-1}$）	硼/（毫克·千克$^{-1}$）	锰/（毫克·千克$^{-1}$）	锌/（毫克·千克$^{-1}$）
黄果百香果（Primavesi）	4.40	0.16	2.07	1.22	0.58	1.10	597.30	112.50	31.00	28.30
台农1号（苏德铨）	4.00~5.50	0.20~0.30	3.00~4.00	2.00~3.00	0.30~0.40	—	80.00~90.00	—	400.00~500.00	20.00~30.00
5个果园均值（澳大利亚Menzel）	4.80~5.30	0.25~0.35	2.00~2.50	0.50~1.50	0.25~0.35	0.20~0.40	100.00~200.00	25.00~100.00	50.00~200.00	5.00~20.00

有机质是土壤肥力的主要物质基础之一，土壤有机质中的腐殖质与土壤中的无机胶体渗入到土壤的小团粒中，形成许多较稳固的团粒结构，当人们给百香果施有机肥和无机肥时，这些团粒都能将肥分吸附住，当土中的水分条件、温度条件适宜，百香果植株需要吸收营养时，根系就可随时吸收，不容易流失或挥发掉。

实践和科研证明，丰产优质的果园均较重视施用有机肥，实行有机肥与无机肥相结合的综合肥培措施，每年计划施用的氮、磷、钾适宜施用量中，由有机肥提供的量应占全年的40%左右，各省区百香果重要产区的丰产栽培技术总结中，都强调从定植起，每年每株都要施优质有机肥20~40千克，这样的施肥措施能促进果园的土壤熟化，其土壤中有机养分与无机养分含量均保持较高水平。

三、根据各地百香果的物候期指导施肥

百香果在华南亚热带地区，开花结果前的营养生长阶段每年可抽吐春、夏、秋3次新蔓，已进入开花结果阶段的成年丰产植株，一般只抽吐春、夏2次新蔓，结夏季和秋冬季2造果。但由于百香果不同植株间及同一植株的不同枝蔓间，各新蔓抽吐、露蕾、展叶、开花、坐果、果成熟时间步调并不一致，往往可以看到不同物候阶段的花蕾、花、果在同一时间出现（图7-1）。与大多数木本果树不同，百香果开花、坐果、果实长大、果熟阶段与柑橘类四季橘、苦瓜、节瓜等瓜类植株处在同一时间，因此需要经过细致观察，总结多数（如60%）枝蔓的物候期来判断施肥期、施肥配比和施肥量。百香果对土壤肥沃度、土壤水分稳定程度、必需营养元素是否稳定供应及植株对这些元素吸收与转移程度的要求较其他木本果树高。这是我们做好百香果的营养与施肥技术措施应该掌握的特点。

图7-1　百香果同一时间出现花蕾、盛开的花、果等物候现象

依据百香果在热带、南亚热带栽培，在同一植株及同一园地的同一时间中，有处于不同物候态的现象出现，导致施肥时间不好确定。我们则根据有60%左右枝蔓有同一物候态出现时（如营养枝蔓、花蕾期、盛花期、小果迅速增大期等）定为该物候施肥期的时段，在施肥元素组合及其配比上也要考虑，除了照顾主物候期的需求，也要注意不能对同时出现的其他物候阶段枝蔓器官产生伤害或阻碍（如为了攻出壮春蔓而过量施用氮肥，会使新枝蔓营养生长势过旺，引起落花、落果）。在适当增加氮元素比例时，配以适量的钾元素和磷元素，配足其他微量元素，充分满足各方面需要，才能取得最好的效果。因此，要注意选择比较肥沃、疏松、有机质含量较为丰富、水分供应较方便且均匀的地段来建立百香果大规模生产基地。

根据我国主要在南亚热带、热带地区发展百香果生产，不同产地物候期略有不同，如表7-2所示，列出海口琼山百香果生产物候期供参考。

表7-2　3个百香果品种在海南省海口市琼山区（北热带）的物候期记录

品种物候期	第1造		第2造	
	花期	果实成熟期	花期	果实成熟期
紫香1号	2—4月	4—5月	9—11月	12月至翌年2月
台农1号	2—4月	4—6月	8—10月	11月至翌年2月
满天星	3—5月	5—7月	9—11月	12月至翌年3月

资料来源：易籽林，徐卫清（2018）。

在我国南亚热带种植的百香果园，年产量的70%~80%来自7—8月的收成，当年10月至翌年3月的收成只占20%~30%，如遇冬春两季低温霜冻。落果严重的年份则冬春果产量就更少。因此，在该气候区，生产者就把施肥及时供应充足营养需求的重点放在上半年。

根据紫果百香果在南亚热带气候区（南宁）的物候期，我们拟将该气候带下已进入正常结果阶段的紫果百香果园一年中的施肥时段安排见表7-3：

表7-3　上一年秋植的百香果园翌年进入结果期后每年度的施肥期安排

施肥次序	该次施肥的目的	该次施肥的时段
第1次	促春芽	1月中旬至1月下旬
第2次	促春蕾壮花肥	3月上旬至3月中旬
第3次	促果大优质肥	4月中旬至4月下旬
第4次	促秋芽秋蕾肥	8月中旬至8月下旬
第5次	施有机肥改土壮树为下年丰产打基础	11月下旬至12月中旬

因各年度的气候变化不一，可根据该年度物候实际情况进行具体施肥期的调整。

因品种不同，其物候期的步调也不一致，如黄果百香果的物候节奏就比紫果百香果的物候节奏慢，具体的施肥作业期可根据现场实际调整安排。

四、施肥管理

百香果在一年施肥总量中氮、磷、钾适合比例应为2：1：4，在实际生产中需根据各物候阶段生长结果对氮、磷、钾元素比例需求的差异提出具体方案。我们提出一个方案，供大家参考（表7–4）。

表7–4　我国南亚热带生长结果正常的百香果园一年中各次施肥目的与施肥量（化肥）参考方案

施肥次序	该次施肥的目的	所施肥料的名称及施用量/（克·株$^{-1}$）			
		尿素	含氮、磷、钾各15%的复合肥	过磷酸钙	硫酸钾
第1次	促春芽肥	150	100	0	100
第2次	促春蕾壮花肥	0	100	0	150
第3次	促果大优质肥	50	50	0	200
第4次	促秋芽秋蕾肥	60	50	0	100
第5次	冬季混施有机肥改土壮树	0	0	220	0
小计	每年株施无机肥量	260	300	220	550

建议亩植80株者，每年冬季施高质量有机肥5~10千克/株，将过磷酸钙混入有机肥中施。要注意选择信用度好的农资公司购买肥料和农药，才能保证肥、药的质量纯正。

根据生长结果正常的百香果园一年中各次施肥（无机肥部分）量参考方案，测算其每次施肥肥料中氮、磷、钾有效成分施用量及一年中的施用总量（表7–5），并以P_2O_5量为1.00，测算其氮、磷、钾元素的比例。测算结果表明，参考施肥方案基本符合百香果生长结果阶段对氮、磷、钾元素数量及合适比例的要求。实施结果如何，有待从事百香果生产及研究的各方同仁多做试验和生产的总

结报道，得出一个公认的优秀技术方案。

表7-5　施肥建议方案中N、P_2O_5、K_2O纯量情况及氮、磷、钾间的比率

施肥次序	该次施肥的目的	所含的纯氮量N/克	所含的纯磷量P_2O_5/克	所含的纯钾量K_2O/克
第1次	促春芽	82.50	15.00	65.00
第2次	促春蕾壮花肥	15.00	15.00	90.00
第3次	促果大优质肥	30.00	7.50	107.50
第4次	促秋芽秋蕾肥	34.50	7.50	57.50
第5次	冬混施有机肥改土壮树	—	35.20	—
全年施肥量所含的氮、磷、钾纯量/克		162.00	80.20	320.00
全年施肥量所含的氮、磷、钾纯量比例（以磷为1）		2.02	1.00	3.99

施肥方案是根据土壤肥力中等、生产及技术管理水平中等及单位面积产量好、品质优、成本中等，能赚到中等至中上等水平利润而设计的，我们希望有更好的方案涌现。

如遇到土壤比较瘦瘠或对产量要求更高，需要增施肥料时，将上述施肥量参考方案中各种肥料均按同一比例提升，则可以保持N_2：P_2O_5：K_2O的合理比例，避免再次运算。

有滴灌条件的园区，尽可能将可溶性强的肥料预先在肥（水）池中按安全浓度调校好，查验合格后即可进行肥水合一滴施，提高工作效率，有利于及时、安全地吸收利用。

百香果没有强大深生的主根系，只有类似须根系作物较浅生的根系，对干旱和涝浸均较敏感，适应性较弱，对未充分腐熟的高浓度有机肥、浓度过高的化肥溶液均较敏感。因此，有机肥要充分堆沤腐熟，每次每株施肥量要准确，并与根际土壤充分拌匀，避免直接与根系接触；施水肥的浓度和施肥量更要把握好，施肥位置稍浅覆土，以防有效肥分挥发流失，每次施肥位置要适当轮换。

五、根外追肥与根际土壤施肥相结合

由于成土母岩、母质和施有机肥不足，土壤出现酸度或碱度过高等现象，不少果园、果树常出现某些元素缺乏症，影响植株生长，果实产量、品质和外观。如出现某些微量元素的缺乏症，可以通过向叶片喷洒适当浓度的含该种元素的化合物肥液加以纠正。

喷布根外追肥，要注意肥液的浓度、当时天气情况和植株所处的物候阶段，要选用安全浓度和得当的配制方法（表7-6），避开气温35℃以上、太阳光猛烈的高温烈日天气和时段，避开嫩芽嫩梢期、现蕾期、花朵盛开期及果实幼嫩期等敏感时段去喷根外追肥，否则就容易灼伤嫩芽嫩叶、花朵、雄蕊和花粉，甚至灼伤幼果，而造成大量落花、落果（图7-2）。

图7-2　百香果花朵灼伤症状

表7-6　常见的缺素症及常用根外追肥名称与适用浓度方案

缺素症名称	根外追肥所用肥料的名称	适宜的浓度/%	缺素症名称	根外追肥所用肥料的名称	适宜的浓度/%
缺氮	尿素	0.30	缺镁	硫酸镁	0.20
	硫酸铵	0.20~0.30	缺锌	硫酸锌	0.20

续表

缺素症名称	根外追肥所用肥料的名称	适宜的浓度/%	缺素症名称	根外追肥所用肥料的名称	适宜的浓度/%
缺磷	磷酸二氢钾	0.30	缺锰	硫酸锰	0.20
缺钾	硫酸钾	0.30~0.40	缺硼	硼砂	0.10~0.20
	氯化钾	0.20~0.30	缺铁	柠檬酸铁	0.05

第二节　灌水与排水

百香果是需要水分均匀供应的藤本果树，既不抗旱也不耐涝，尤其在新芽正长蔓叶、花蕾长大开花、果实迅速增大、果肉果汁不断充盈的阶段，若长期缺水，就会出现生长发育停滞，局部枯萎脱落现象。若雨水不能排出，只要涝浸时间超过一天，根部就会受损，若浸上2~3天，有的根就会腐烂。因此，百香果园遇旱要及时灌水，遇涝要及时排水，防旱与防涝并重。不能在缺水的地方建立百香果生产基地，也不能在地势低洼、排水不畅、忽涝忽旱的地方建立百香果生产基地。种植前一定要把引水取水地、引水渠及管道、蓄水池、滴灌喷灌设施搞好。在雨季来临前，就要巡检好排水系统，修好损坏的地段，保证排水顺畅。每当暴雨稍停就要及时派人巡视，疏通渠道排水，务求在24小时之内将积水排净。这是大面积种植百香果的一个特殊要求。

灌溉要注意节水，自流漫灌要灌跑马水，滴灌、喷灌要求湿润到主要生根层即可，但不可只湿润表层，不湿润透主要生根层，管理人员一定要现场挖土探查掌控。有条件的地方可用塑料膜或干草覆盖畦面保水。

第八章

百香果修剪整形及促花保果技术

第一节　修剪整形

百香果是藤本蔓生植物，在主蔓、侧蔓节间、叶腋附近长出1条卷须。具有很强的附着攀升能力，在自然条件下，依靠卷须随机缠绕前方可以缠绕的物件，扩大占领空间，增加叶片受光面积，增强光合作用，制造更多有机物质。人们所进行的修剪整形可通过人工缚扎、剪裁引导，使植株更迅速地占领尚空余的空间。

一、幼树的修剪整形

种苗定植发根吐芽证实成活后，即需定期淋水保湿，每3~5天巡视一次，抹除主蔓上萌吐的侧芽。每隔半个月，向根部淋施0.3%的尿素稀肥液。将畦面杂草人工拔除，有苗木倒伏的要插小竹枝，将苗缚扎扶正。当主蔓长至50~60厘米高时，每幼株旁需插1枝长230厘米左右的茅竹竿或用刀破开撑篙竹削制的长竹鞭，下端插入土深20厘米处，上端与架顶的铁线扎紧，用塑料绳或幼株的卷须将幼株固定在小竹竿上，引领幼株向上、向架顶铁线攀长。在缺少茅竹竿的地方，可利用长40厘米、宽2.5厘米的竹签，下端5厘米处两边削尖，顶端下3厘米处两边各削出0.5厘米深的缺刻，将一条230厘米的红色塑料绳下端缚扎在竹签头上，将竹签尖斜打入离苗10厘米、土深25厘米处，塑料绳上端扎紧在棚架的铁线上，将苗扎紧在塑料绳上，引导苗木向上生长，这是很多园区采用的方法。

当主蔓长到100厘米时，即可将其顶芽摘除，每条主蔓促吐2~3条一级侧蔓，继续抹除其他侧芽，当一级侧蔓生长高过架顶铁线20厘米左右时，即可将一级侧蔓分向铁线两侧或分3个方向（如棚架为“T”形架式）扎紧，将一级侧蔓的顶芽摘除，每条一级侧蔓促吐2~3条二级侧蔓。当二级侧蔓长至50~60厘米左右时，摘去二级壮侧蔓的顶芽，每条二级侧蔓促吐三级侧蔓2~3条。

主蔓和一级侧蔓是主要营养枝，二级至四级侧蔓是该株结果时的主要结果蔓。因此，培养好生长健壮、充实、数量充足的二级至四级侧蔓，是当年取得丰产的基础条件。

二、结果树的修剪

当年头造果收果过半时，开始对结过果的蔓回缩修剪，选择较健壮的结果蔓，在其分枝基部前有3~4片完好叶片，离节眼上方1厘米处截去已结过果的部分，促其抽吐出2~3条四级侧蔓，以结第2造果。至于生势较弱的结果枝暂不作处理，只剪除掉病虫枝，生势过弱、生长过密的弱枝。配合肥水供应，希望收获多一些秋、冬果。

也有的疏植园（每亩种植30~40株），每株所占的空间大，则在健壮的二级侧蔓开花4~8朵后的3~4片叶处短截打顶，以期收果后能迅速抽吐出三级侧蔓，可以多收一些秋、冬果。密植的果园因每株所占空间较小，只能采取前面所述的短截已结果蔓段的方法促吐新蔓。

三、越冬前的修剪

每年基本收完夏秋2造果后，在入冬前需要对百香果树进行1次清理性的修剪，剪除病虫枝，回缩剪除严重跨株生长的枝蔓，疏除过密部分的较弱枝蔓，让阳光可以照射全株，又可减少各植株之间的互相干扰。但修剪也不宜过重，否则易出现一些植株修剪后全株枯死的情况。若原先的主蔓领导枝因病枯萎，可用二次梢代替原领导枝（图8-1）。

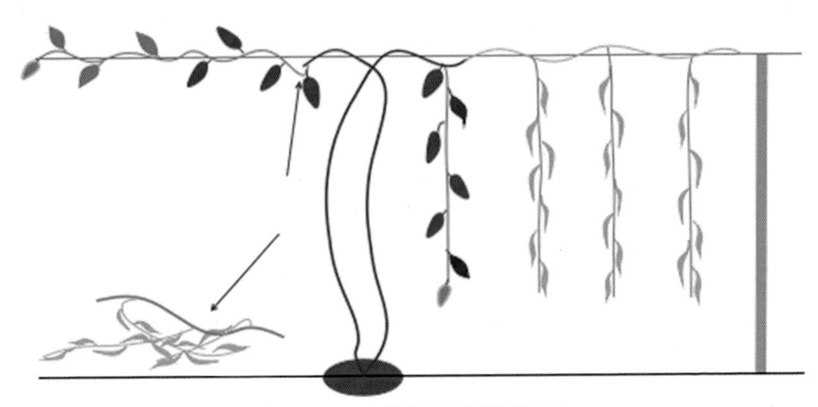

图8-1　二次梢代替原枯萎领导枝

百香果原产热带和南亚热带，无冬眠习性，只因冬季气温和土温过低，体内生理活性大大降低，但仍保留低水平的生理活力，遇暖冬或某些时段出现10~15℃较暖和的晴天，仍会进行低水平的光合作用、水分吸收和通过叶片气孔的水分蒸腾保持体内低水平的水分流通。百香果没有一些冬眠植物具有的可储留大量有机营养的器官和组织，无法供冬期植株维持生命和冬眠结束后发新芽、新根的营养需要，因而往往在“饥寒”和“干旱”环境下被迫死亡。因此，冬前修剪时，每株都要保留生长较壮旺的二级和三级侧蔓中60~80厘米长带叶的枝段，全株至少有100片以上健全的叶片。天气极度干旱，根际土壤极度缺水时，也需要少量喷淋或滴灌1~2次水，使越冬根系可吸到一些水分，避免缺水枯死；或结合防寒在叶群上覆上保暖塑料膜，在根部覆盖一些干草或黑膜，减少土壤水分蒸发，都可保护植株有一定水分供应而安全越冬。注意不要大量滴灌淋水。

第二节　控 蔓 促 花

在热带和南亚热带生态适宜区种植百香果，只要气候和栽培条件正常则植株生长正常，种植的是合格的扦插苗或嫁接苗，一般都能在定植后6~7个月开花结果（即上一年9月定植至翌年4月开花结果，当年3月定植当年8月开花结果），取得相当的产量。但有关百香果花芽分化的生理生化条件及采取哪些单项或综合的技术措施可以确保获得数量和质量都满意的花果技术规程，则还缺乏系统的研究和实验。这方面百香果的栽培技术水平比许多种果树落后。

我们只能在国内外生产和实践报告中抽提出若干项已证实有效的经营管理和技术措施供参考。

（1）当地生产和销售百香果的前景好，当地政府和经济部门有发展百香果产业生产与加工利用的规划，或民营企业家有发展百香果产业的投资与建设计划，保证产品有销路，种植者能获得较好的收益。具备以上条件才能保证种植者和生产企业有种好、管好百香果这一农业、农村新兴产业的积极性，忌无研究论证就轻率上马。消费者自行冲配百香果果汁鲜饮的消费量有限，我国群众自行冲饮消费习惯还有待宣传，需引导培养消费兴趣。

（2）在生态适宜区建立中型和大型生产基地，避开自然灾害对百香果生产的损害。

（3）在社会信用度高的苗圃购苗，保证所购苗木为丰产优质、无病毒病及根线虫、符合出圃规格的优良品种，在主产区建立省、市级百香果优良种质资源圃和苗圃。

（4）有专人负责果园的栽培管理。

（5）若干有效的促花技术措施：①注重培养好春季萌吐的长度为80~100厘米健壮的二至五级侧蔓作结果蔓，争取每条结果蔓

能开6~8朵花，坐果5~7个。②春季结果蔓的叶转绿后，宜向叶背喷0.2%~0.3%磷酸二氢钾，根外追肥1~2次，隔5天1次，离主蔓基部50厘米，每株开深3~4厘米环沟均匀撒施含氮、磷、钾均为15%的复合肥100克+硫酸钾150克，根据种植密度选择施肥量。疏植的量可大一些，密植的每株施肥量应小些，浅覆土。目的是加强磷钾肥促花壮果。③防止三、四级侧蔓因施氮肥过多而徒长抑制花芽分化，若发现三、四级侧蔓生势过旺，苗尖向上指高45°生长，节间长度超过20厘米时，喷15%多效唑500倍液+硼砂1 000倍液1~2次。将营养生长过旺趋势压下去，有利于花芽分化。④采用“T”形棚架或窄顶平棚架种植，由于植株生长壮旺，棚顶三级至四级侧蔓生长过密会造成部分蔓光照不足，影响花芽分化时，可将棚架边沿的部分（40%~50%）叶片已转绿的结果蔓解绑，让其自然下垂，并重新绑扎好。结果蔓体下垂，可以削弱营养生长势，光照好，有机营养积累多，对花芽分化有利。

第三节　提高受孕率与坐果率

自花授粉不孕致坐果率低，百香果的种类、品种、品系不同对生产影响的程度有很大差异。紫果百香果自交能亲和，紫果百香果与黄果百香果有性杂交选育出的杂交种台农1号也能自交亲和。黄果百香果多数品种、品系、株系自交不亲和，即使放蜂传粉的果园，其结实率也只有10%~20%。但也有少数品种、品系如通过营养系选种出的黄果选5-1-1新品种就能自花受孕，且受孕率高，高产优质。

自花授粉不孕率高低，除受自身遗传因素影响外，还受到若干环境因素的影响，如受果园传粉昆虫种类传粉效率和天气影响、同一株树同一结果蔓花朵开放先后影响。因百香果花朵较大，花药之间、花药与蜜盘之间相距较远，因此蜜蜂等体型较小的蜂类传粉效率较低，只有木蜂等大型蜂才能高效传粉。在同一结果蔓中，先开的花朵授粉后坐果率为85%~90%，开放时间越迟，坐果率会越低。授粉后2小时内，如遇天旱、柱头过于干燥或高温雨天，则导致花粉粒发芽不良，受孕率低，造成低产。如种植的是需要人工授粉才能保证坐果的品种则要花费大量劳力和增加生产成本，导致收益大降，生产无法维持，成为生产经营一大难题。下面我们提出解决这个难题的一些办法：

（1）选用自花授粉可孕的品种。以销售鲜果为主的生产基地，建议种植自花授粉受孕率较高、果汁含酸量较低、适宜鲜食的紫果百香果品种、株系，如台农1号。以销售加工果汁原料为主的生产基地，建议种植自花授粉受孕率较高的黄果选5-1-1或其他自花授粉受孕率高的黄果百香果新品种。

（2）保护在百香果园采蜜、采花粉、传递花粉能力较强的大型蜂类——木蜂。在百香果园周边的防护林带或水源林中横向水平放置中空的剑麻老茎，吸引野生木蜂来筑巢繁殖。有放养木蜂的果园，不许在花朵盛开期喷用可杀伤蜂类的农药。

（3）建立省级的百香果种质资源圃，广泛收集国内外的百香果种质资源，开展长期的观察研究，从中选出好的品种。避免相当长时间以来良种丢失的事故重演。

（4）采用异株花粉人工授粉。人工授粉最好每朵花授3个柱头，最少授2个柱头，这不仅可以提高黄果百香果单位面积产量，增加经济效益，而且可以增加果实出汁率。

（5）花粉的采集和处理。在果园中收集正盛开的不同植株的花朵，放在干净的托盘中拿回室内，用经消毒的干净剪刀把花药剪至干净碟中，放入有安全吸湿剂（如氯化钙等）的密闭容器或塑膜袋中，让花药、花粉适当干燥，花粉粒散开即可将装满花粉的培养

皿带至果园，用干净的新毛笔或小排笔粘上花粉，给每朵正盛开的花的3个柱头授粉，可一直持续至花朵关闭。因此，要掌握每个品种、每个季节及每天花朵开闭的时间，换人操作，不停授粉作业。

对于将花粉溶在水中用喷雾器喷花粉至柱头上的方法是否可行尚无定论。有报告认为百香果的花粉混合在普通清水中后，花粉粒会爆裂失效不可用。百香果花粉粒安全有效的混合液未见研究报道。

第九章

百香果病虫害防治

第一节 病害防治

一、茎基腐病

百香果茎基腐病病原为茄镰刀菌（*Fusarium solani*），是百香果上的一种毁灭性病害。

1. 症状特征

百香果茎基腐病（图9-1至图9-8）幼苗和成株均可受害，主要为害部位为离地面5~10厘米的植株茎基部。成株染病初期在植株茎基部出现深褐色病斑，以后病部皮层产生裂痕，变软、腐烂，易与木质部脱离。湿度大时，发病部位表面常出现粉红色病原物。发病后期上部叶片和枝蔓出现黄化、凋萎，然后整株枯萎死亡。

图9-1 茎基腐病发病初期症状

图9-2 茎基腐病致整株枯死

图9-3 幼树茎基腐病发病症状

图9-4 茎基腐病在木质部层形成菌丝

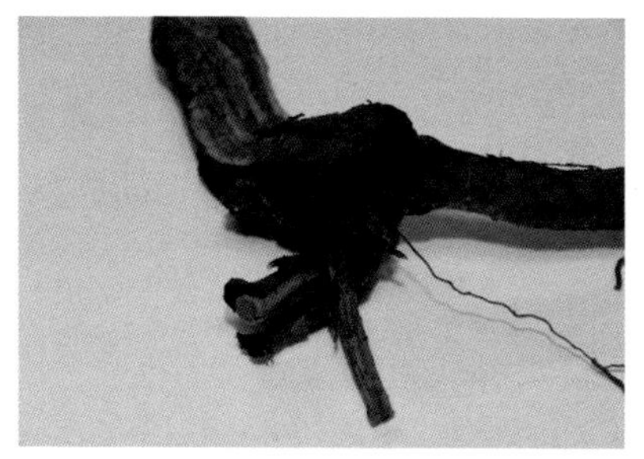
图9-5　茎基腐病根部症状

图9-6　茎基腐病茎部出现粉红色病原物

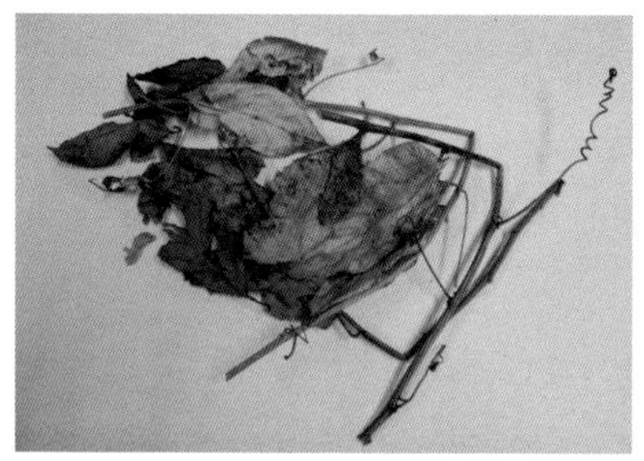
图9-7　茎基腐病叶片枯萎症状

图9-8　茎基腐病凋萎果实

2．发病规律

百香果茎基腐病病菌以菌丝体在田间病株、病残物或土中存活和越冬，是病害的初侵染来源，借助风雨和灌溉水传播。在我国南方种植区域，5—7月气温高、湿度大，为病菌繁殖提供了有利条件，很容易发生百香果茎基腐病。在土壤通透性差、湿度高、排水不良和过度荫蔽的果园发病较重。

3．防治方法

（1）加强栽培管理，多施有机肥，增强树势，提高自身抗病能力。

（2）做好排水，起堆种植，抬高水位来减少根系与病原菌的接触面积。

（3）清除发病植株或枝条后应及时撒施生石灰，用亮盾（精

甲·咯菌腈悬浮剂）800倍液喷离地面30厘米以内的健株主茎，进行表面杀菌，并用该药液灌根。

（4）避免使用除草剂，百香果属浅根系果树，使用除草剂极易破坏根系。

（5）轮作，种植抗病品种。

二、病毒病

病毒病也叫花叶病、木果病，在种植区普遍发生，发病率通常在30%~40%，严重的达90%。

1．症状特征

田间症状主要表现为叶片环斑、皱缩、花叶、环斑花叶、死顶和果实木质化等（图9-9至图9-12）。

图9-9　环斑花叶

图9-10　花叶、皱缩

图9-11　环斑果实

图9-12　果实木质化

2. 发病规律

据报道，福建地区百香果病毒病主要由黄瓜花叶病毒（CMV）引起，进一步对百香果上黄瓜花叶病毒进行的亚组鉴定结果显示，福建百香果上存在2个亚组黄瓜花叶病毒，其中以亚组Ⅰ分离物占绝对优势。通过调查发现，百香果病毒病的自然传播媒介可能为刺吸式口器的半翅目蝽类。目前国内百香果种苗繁育主要采用无性扦插繁殖，扦插过程中剪枝摩擦及种苗本身带病毒，是该病在国内快速扩散传播的主要途径。因此，培育健康无毒种苗是控制该病的一个关键环节。

在华南地区，一年可出现2个发病高峰期和1个病株回绿期。4—5月及10月至11月上旬，发病株最多，病症最明显；6—8月是病株回绿期，症状消失或减缓。

3. 防治方法

（1）清除发病植株，杀灭可能传播病毒的媒介昆虫，不在果园内或周边种植病原的寄主植物（主要为葫芦科作物）。

（2）选用无毒种苗或种植抗病种苗。

（3）合理密植，加强栽培管理，让新种植园尽早挂果，缩短单株挂果周期，1~2年更新果园1次。2019年在茂名基地开展了1项高密度种植模式试验系统调查：每亩种植380~400株的超高密植，单线架、垂帘式栽培，类似种植瓜菜，每年种植1次，收完果即清除全园老茎根蔓，晒干烧掉。这种创新性的栽培模式不仅产量高、品质好，而且切断了病毒病在当地的传播蔓延，深受果农的关注，但高密度种植必须配合建立本基地无病毒苗圃才可以降低苗木成本。

三、炭疽病

炭疽病是仅次于病毒病的重要真菌性病害，在我国广东、广西、福建、海南等地普遍发生。百香果全年都可发病，以秋季最为严重，幼果及熟果发病较多，在果实储运期本病可继续为害。

1．症状特征

本病主要为害果实，其次为叶片。被害果面出现黄色或暗黑色的水渍状小斑点，随着病斑逐渐扩大，病斑中间凹陷，出现同心轮纹，上生朱红黏粒，后变成小黑点，病斑可整块剥离。叶片病斑多发生于叶尖和叶缘，褐色，不规则，斑上有小黑点（图9-13至图9-16）。

图9-13　果实炭疽病发病症状

图9-14　果实炭疽病发病症状

图9-15　果实炭疽病发病症状

图9-16　叶片炭疽病发病症状

2．发病规律

病原菌为炭疽病菌（*Gloeosporium laeticolor*），病菌在病残体中越冬。在高温多湿的条件下，有利于病害发生流行，分生孢子由风、雨及昆虫传播，经气孔、伤口或直接由表皮侵入。病菌亦具有潜伏侵染特性，病菌在幼果期侵入，直到果实近成熟才表现症状，果实越近成熟发病越重。

3．防治方法

（1）冬季清园，彻底清除病株残体，集中烧毁，结合喷石硫合剂1~2次。

（2）适时采收，避免过熟采果，选晴天采果，采果时注意轻拿、轻放，避免采摘时弄伤果皮，采摘前2周喷施70%基托布津可湿性粉剂1 000倍液，可起到防腐保鲜的作用。

（3）发病季节每隔10~15天喷1次药剂，连续3~4次。药剂可用40%苯醚甲环唑悬浮剂1 000倍液、70%甲基托布津可湿性粉剂1 000倍液、50%多菌灵可湿性粉剂800倍液或45%咪酰胺悬浮剂1 000倍液，并及时清除病果。

第二节　缺素症和低温冷冻害防治

一、缺铁

缺铁现象在百香果产区偶有发生，盐碱地、滩涂土壤或石灰岩地质发生严重。

1．症状

百香果缺铁时，首先表现为嫩梢叶片变薄，叶肉淡黄色至黄白色，叶脉仍为绿色，呈明显的绿色网状叶脉，以小枝顶端的叶片更为明显。严重时叶片除主脉保持绿色外，其他部位均变为黄色或白色，叶片易脱落（图9–17、图9–18）。老叶通常仍保持绿色。结果少，果皮色浅，汁少，味淡。

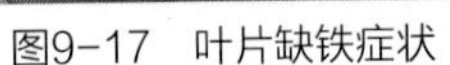
图9-17　叶片缺铁症状

图9-18　叶片缺铁症状

2. 发生原因

碳酸钙或其他碳酸盐过高的碱性土壤，铁元素被固定为难溶性化合物，容易出现缺铁。滨海的盐碱土、内陆的石灰性紫色土，石灰岩风化形成的红壤土，土壤呈碱性反应，有效铁含量偏低；南方红壤土一般不缺铁，但土质差、有机质缺乏；雨水过多，可溶性铁化合物流失过多；磷肥施用过多，使吸收到体内的过剩磷和铁化合，在体内固定；过量锌、锰和铜的吸收，使体内铁氧化而失去活性均易发生缺铁。

3. 矫治方法

（1）改良土壤：施用有机肥和绿肥，避免偏施磷肥和过量施用与铁元素相互拮抗的其他元素。

（2）叶面喷肥：叶面喷施0.2%~0.3%硫酸亚铁水溶肥，在生长季节初期，喷射稀释硫酸亚铁溶液可以矫正缺铁症状，在石灰质土壤的百香果果园使用与铁结合的螯合物是有效的，其基本原理是防止不溶性铁盐在土中形成。

二、低温冷冻灾害

低温冷冻灾害是指来自极地的强冷空气及寒潮侵入造成连续多日气温下降，使作物因环境温度过低而受到损伤，最终导致减产的农业气象灾害。包括低温阴雨、低温冷害、霜冻和寒潮等。在广东河源、梅州、韶关、清远和福建龙岩等百香果种植区域均有发生低温冻害现象。

1. 症状

广东和广西地区低温连阴雨天气或霜冻多在1—3月发生，造成枝叶枯萎发黄，越冬果实腐烂掉落，主干开裂或扭曲，严重的整株枯死（图9-19至图9-22）。

图9-19　霜冻后主干开裂

图9-20　霜冻后主干开裂

图9-21　霜冻后叶片枯萎发黄

图9-22　霜冻后主干开裂

2. 发生原因

冷空气是低温冷冻灾害发生的主要原因。在春季，北方的冷空气和南方的暖湿空气频繁交汇，常常造成低温连阴雨天气。而强冷空气，尤其是寒潮的爆发南下，使得温度急剧下降，会造成霜冻和“倒春寒”等灾害。

3．矫治方法

（1）修剪整形受冻树应延迟到发芽时再修剪，此时树体受冻部位和受冻程度表现明显，剪掉冻死和冻害严重的枝条，注意保留活着的枝叶，促发健壮新蔓。

（2）主蔓或保护大枝冻伤、冻坏部位要刮除，露出好皮和木质部，消毒后涂上蜡，注意消毒液浓度不宜过高。

（3）加强肥水管理，早春追施腐熟有机肥及尿素，结果树开花前采用环状沟施氮磷钾复合肥，最好增施腐熟稀薄有机肥或粪水，再喷一次0.3%磷酸二氢钾。少施、勤施，以促进新蔓壮旺生长。

（4）受冻果树抗病力减弱，易遭受病虫害，要加强预防。春剪后可喷施一次25%多菌灵800倍液或波尔多液预防各类病害。

第三节　虫 害 防 治

一、稻棘缘蝽（*Cletus punctiger*）

稻棘缘蝽属半翅目（Hemiptera），缘蝽科（Coreideae）。在我国主要分布于湖南、湖北、广东、云南、贵州、西藏等地。主要为害水稻、麦类、玉米、粟、棉花、大豆、柑橘、茶、高粱等植物。近年来，在河源百香果上也有发现为害。

1．形态特征

（1）成虫：体长9.5~11毫米、宽2.8~3.5毫米，体黄褐色，狭长，刻点密布。头顶中央具短纵沟，头顶及前胸背板前缘具黑色小粒点，触角第1节较粗，长于第3节，第4节纺锤形。复眼褐红色，单眼红色。前胸背板多为一色，侧角细长，稍向上翘，末端黑（图9-23）。

图9-23　稻棘缘蝽成虫

（2）卵：长1.5毫米，似杏核，全体具珠泽，表面生有细密的六角形网纹，卵底中央具1圆形浅凹。

（3）若虫：共5龄，3龄前长椭圆形，4龄后长梭形。5龄体长8~9.1毫米、宽3.1~3.4毫米，黄褐色带绿，腹部具红色毛点，前胸背板侧角明显生出，前翅芽伸达第4腹节前缘。

2．为害状

近年来，在百香果种植地区常见该虫为害，成虫、若虫吸食叶片汁液，造成树势衰落，更重要的是该虫可能成为百香果病毒病传播扩散的重要媒介昆虫之一。

3．发生规律

稻棘缘蝽成虫在湖北、浙江、江西11月中旬至12月中旬逐渐蛰伏，在杂草根际处越冬，广东、云南、广西南部无越冬现象。羽化后的成虫7天后在上午10:00前交配，交配后4~5天把卵产在百香果的茎、叶上，多散生在叶面上，也有2~7粒排成纵列。

4．防治方法

（1）农业防治：清除果园及周边杂草并集中烧毁，减少过渡寄主。

（2）人工捕杀：结合农事操作，摘除卵块或初孵若虫聚集叶片，并集中销毁。

（3）化学防治：重点防治春暖开始交尾的越冬代成虫和第1代若虫，这时成虫和若虫体质较弱，对药剂较敏感，是防治最佳时期，药剂可用4.5%高效氯氰菊酯乳油1 000倍液、2.5%溴氰菊酯乳油1 000倍液、25%噻虫嗪水分散粒剂1 500倍液等喷1~2次。

二、豆芫菁（*Epicauta gorhami*）

豆芫菁属鞘翅目（Coleoptera），芫菁科（Meloidae）。从南到北广泛分布于中国很多省区，主要以成虫为害大豆及其他豆科植物的叶片及花瓣，使受害株不能结实。此外，尚能为害花生、苜蓿、棉花、马铃薯、甜菜、麻及番茄、苋菜、蕹菜等植物。近年来，在百香果种植区域也有发现该虫取食为害。

1．形态特征

生活史需经卵、幼虫、蛹及成虫4个阶段。体长14~27毫米，体色除头部为红色外其他部分为单纯的黑色，身体部分地方具有灰色短绒毛。成虫主要于夏季出现在中低海拔地区，为植食性昆虫，经常成群出现在茎叶或花上啃食（图9–24）。

2．为害状

以成虫为害百香果的叶片，尤喜食幼嫩部位，将叶片咬成孔洞或缺刻，甚至吃光，只剩网状叶脉。

3．发生规律

在东北、华北一年发生1代，在长江流域及长江流域以南各省一年发生2代。以第5龄幼虫（假蛹）在土中越冬。在1代区的越冬幼虫于6月中旬化蛹，成虫于6月下旬至8月中旬出现为害，8月为严重为害时期。成虫白天活动，在百香果枝叶上群集为害，活泼善爬。成虫受惊时迅速散开或坠落地面，且能从腿节末端分泌含有芫菁素的黄色液体，如触及人体皮肤，能引起红肿发泡。成虫产卵于土中约5厘米处，每穴70~150粒卵。

豆芫菁成虫为植食害虫，但幼虫为肉食性，以蝗卵为食。幼虫孵出后分散觅食，如无蝗虫卵可食，则饥饿而死。一般1个蝗虫卵块可供1头幼虫食用。

图9-24　豆芫菁成虫

4. 防治方法

（1）越冬防治：根据豆芫菁以幼虫在土中越冬的习性，冬季翻耕果园，增加越冬幼虫的死亡率。

（2）人工网捕成虫：成虫有群集为害习性，可于清晨用网捕成虫，集中消灭。

（3）药剂防治：对受害严重的果园，可用40%噻虫啉悬浮剂1 000倍液，也可用4.5%高效氯氰菊酯乳油1 500倍液或2.5%高效氯氟氰菊酯乳油1 000倍液喷杀成虫。

三、红火蚁（*Solenopsis invicta*）

红火蚁属膜翅目（Hymenoptera），蚁科（Formicidae）。又名入侵红火蚁、红色外来火蚁、赤外来火蚁、外来红火蚁、泊来红火蚁（台湾）。红火蚁的拉丁名意指无敌的蚂蚁，因难以防治而得名。其通用名“火蚁”，则指被其蜇伤后会出现火灼感。红火蚁分布广泛，为极具破坏力的入侵生物之一。在中国红火蚁是入侵生物。

红火蚁既是入侵中国的物种，也是世界自然保护联盟（IUCN）收录的最具有破坏力的入侵世界各地的生物之一。分布于中国台湾（2004年7月）、香港、广东、澳门、福建、广西、湖南及云南。近年来，红火蚁在不少百香果园严重发生且迅速蔓延，对果园管理人员身体健康和自然生态系统造成严重影响（图9–25、图9–26）。

图9–25　红火蚁蚁丘

图9–26　红火蚁在百香果根部筑蚁丘

1．形态特征

红火蚁属于社会性昆虫，有多个层级，分为具有生殖能力的雌蚁、雄蚁和工蚁（发育不全无生殖能力的雌蚁）。

（1）工蚁：又可分为一至多型，多型时包括大型工蚁（兵蚁）和小型工蚁。工蚁有腹柄结2个，触角一般10节，末2节呈锤棒状。唇基两侧有纵脊向前延伸成齿。雌蚁和雄蚁有单眼，雌蚁触角一般11节，雄蚁触角一般12节，胸腹节不具刺或齿。

（2）生殖型雌蚁：有翅型雌蚁体长8~10毫米，头及胸部棕褐色，腹部黑褐色，2对翅，头部细小，触角呈膝状，胸部发达，前胸背板亦显著隆起。雌蚁婚飞交配后落地，将翅脱落结巢成为蚁后。蚁后体形（特别是腹部）可随寿命的增长不断增大。

（3）雄蚁：体长7~8毫米，体黑色，着生翅2对，头部细小，触角呈丝状，胸部发达，前胸背板显著隆起。

2. 为害状

红火蚁对人和动物具有明显的攻击性和重复蜇刺的能力。它影响入侵地居民的健康和生活质量，对农业、牲畜、野生动植物和自然生态系统有严重的影响，还可损坏公共设施、电子仪器，导致通讯、医疗和害虫控制上的经济损失。蚁巢一旦受到干扰，红火蚁迅速出巢发出强烈的攻击行为。红火蚁以上颚钳住人的皮肤，以腹部末端的螯针对人体连续叮蜇多次，每次叮蜇时都从毒囊中释放毒液。人体被红火蚁叮蜇后有如火灼伤般疼痛感，其后会出现如灼伤般的水泡。多数人仅感觉疼痛、不舒服，少数人对毒液中的毒蛋白过敏，会产生过敏性休克，有死亡的危险。如水泡或脓包破掉，不注意清洁卫生易引起细菌二次感染。

红火蚁对入侵地带来严重的生态灾难，是生物多样性保护和农业生产的大敌。红火蚁主要取食百香果的根部，造成根系破坏，影响水分和营养物质输送。它还损坏灌溉系统，降低工作效率。

3. 发生规律

红火蚁可耐受的最低温度为3.6℃，最高温度为40.7℃。红火蚁在土壤表层温度10℃以上时开始觅食，在土壤温度达19℃时才会不间断地觅食，觅食的土壤表层温度为12~51℃。当土壤表层下2厘米处的温度在15~43℃时，工蚁开始觅食，最大觅食率发生在22~36℃时。低温比高温更能限制红火蚁觅食。春季平均土壤温度（表层下5厘米深处）升高到10℃以上，红火蚁开始产卵。工蚁和繁殖蚁化蛹和羽化分别发生在20℃和22.5℃。土壤温度24℃时新蚁后可以成功地建立族群。当土壤很湿或很干时则活动减少。干旱后的一场雨会刺激它们2~3天的筑巢活动并增加觅食活动。从土壤表面到10厘米深处的温度低于18.8℃时，红火蚁全天不会发生交尾飞行，气温为24~32℃、相对湿度为80%的条件下，交尾飞行在上午、下午均可发生。新建立族群的89%处于侵扰区域的下风向。交尾飞行通常发生在雨后晴朗、温暖的中午时分。一旦雌性有翅繁殖蚁完成交配后，会从翅基缝处折断双翅，并寻找一个合适的场所建立一个新的族群。这些场所一般在岩石或树叶下，也可以是沟缝或石缝中，甚至在人行道、公路或街道的边沿处。蚁后在土中挖掘通道和小室，并密封开口，以免捕食者入侵。

红火蚁的生活史有卵、幼虫、蛹和成虫4个阶段，共8~10周。蚁后终生产卵。工蚁是做工的雌蚁；兵蚁较大，保卫蚁群。每年一定时期，产生有翅的雄蚁和蚁后，飞往空中交配。雄蚁不久后便死去，受精的蚁后建立新巢，交配后24小时内，蚁后产下10~15粒卵，在8~10天时孵化。第1批卵孵化后，蚁后将产下75~125粒卵。一般幼虫期6~12天，蛹期9~16天。第1批工蚁大多个体较小。这些工蚁挖掘蚁道，并为蚁后和新生幼虫寻找食物，还开始修建蚁丘。1个月内，较大工蚁产生，蚁丘的规模扩大。6个月后，族群发展到有几千只工蚁，蚁丘在土壤或草坪上突现出来。红火蚁是一种营社会性生活的昆虫，每个成熟蚁巢，有5万~50万只红火蚁。红火蚁虫体包括负责做工的工蚁、负责保卫和作战的兵蚁及负责繁殖后代的生殖蚁。生殖蚁包括蚁巢中的蚁后和长有翅膀的雌、雄蚁。一个蚁巢中包括1个或数个可以生殖的蚁后，其他所有的工蚁和兵蚁都是不能繁殖的。

红火蚁的寿命与体型有关，一般小型工蚁寿命30~60天，中型工蚁寿命60~90天，大型工蚁寿命90~180天，蚁后寿命2~6年。由卵到羽化为成虫需要22~38天。红火蚁为单或多后制群体，蚁后每天可产卵800粒（IUCN数据，另有论文称为1 500粒），一个几只蚁后的巢穴每天可以产生2 000~3 000枚卵。当食物充足时产卵量即可达到最大，一个成熟的蚁巢工蚁可以达到24万头，典型蚁巢为8万头。

3．防治方法

（1）加强检疫和例行监测：严格控制红火蚁发生区物品外传，对外调的物品、运输工具进行严格检查及进行消灭处理。同时，利用诱饵法对红火蚁的发生动态进行例行监测。对未发生地区应提高警惕，一旦发现及时上报捕杀。

（2）药剂防治：目前药剂防控效果较理想措施主要有2种。①灌巢灭杀。可用40%毒死蜱乳油、1.8%阿维菌素乳油或4.5%高效氯氰菊酯乳油等触杀性较好的药剂配成800~1 000倍液往蚁巢内灌入，操作时先用一端锋利的钢管向蚁巢内部插入，形成3~5个孔洞，深度50~80厘米，以破坏蚁巢内部的防水结构，此法防控效果好，但是工作量稍大，可在蚁巢数量较少时使用。②毒饵诱杀。可用1%氟虫胺杀蚁饵剂15~20克/巢，0.73%氟蚁腙杀蚁饵剂15~20克/巢、0.45%茚虫威杀蚁饵剂4~6克/巢或0.015%多杀霉素杀蚁饵剂，绕蚁巢边缘一周均匀撒施。

（3）保护本地蚂蚁：红火蚁是应当加以消灭的，但在消灭过程中一定要注意保护本地的蚂蚁和生态系统中的其他物种。一旦破坏了土生蚂蚁的栖息地就有可能造成生态位的空缺，反而有助于入侵红火蚁的传播和发生，因此必须予以认真区分，尤其是区分土著火蚁和入侵红火蚁。

四、实蝇

实蝇属双翅目（Diptera），实蝇科（Tephritidae），是一类重要的瓜、果害虫。目前常见为害严重的实蝇主要有：橘小实蝇（*Bactrocera dorsalis*）、瓜实蝇（*B. cucurbitae*）、南瓜实蝇

（*B. tau*）、具条实蝇［*B.*（*Zeugodacus*）*scutellata* Hendel］4种。其分布广泛，防治非常困难，且极易随果蔬的运输传播蔓延，是重要的检疫性害虫。近年来，在百香果种植区域实蝇为害越来越重，部分果园为害率在68%以上。

1．形态特征

橘小实蝇、瓜实蝇、南瓜实蝇和具条实蝇形态特征如表9-1，图9-27所示。

表9-1　4种实蝇主要形态特征区别

实蝇名称	体色	胸部结构	翅脉
橘小实蝇 *Bactrocera dorsalis*	偏黑	中胸背面有2条黄色纵纹，后胸小盾片黄色	前翅无明显翅斑
瓜实蝇 *B. cucurbitae*	偏黄	中胸背面有3条黄纵纹，后胸小盾片黄色	前翅有2个明显加宽翅斑
南瓜实蝇 *B. tau*	偏黄	中胸背面有3条黄纵纹	前翅缘有1个明显加宽翅斑
具条实蝇 *B.*（*Zeugodacus*）*scutellata*	偏褐	中胸背面有3条黄纵纹	前翅缘有1个明显加宽翅斑

图9-27　4种实蝇主要形态特征

A. 橘小实蝇；B. 具条实蝇；C. 瓜实蝇；D. 南瓜实蝇。

2．为害状

成虫产卵于果实的皮下，幼虫在果实中潜食，部分蛀空果实，部分形成瘤果、畸形果，严重时导致大量落果，给百香果生产造成重大的经济损失（图9-28至图9-31）。

图9-28　实蝇为害畸形果

图9-29　实蝇产卵

图9-30　实蝇为害蛀空果

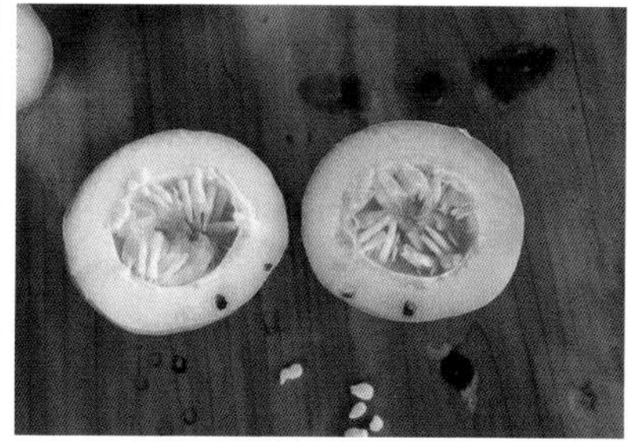
图9-31　蛀空果内部结构

3．发生规律

华南地区一年发生3~5代，无明显的越冬现象，田间世代发生重叠。成虫羽化后需要经历较长时间补充营养（夏季10~20天；秋季25~30天；冬季3~4个月）才能交配产卵，卵产于将近成熟的果皮内，每处5~10粒。每头雌虫产卵量400~1 000粒。卵期夏秋两季1~2天，冬季3~6天。幼虫孵出后即在果内取食为害，被害果常变黄早落，即使不落，其果肉也腐烂不堪食用，对果实产量和质量贻害极大。幼虫期在夏秋两季需7~12天；冬季13~20天。老熟后脱果入土

化蛹，深度3~7厘米。蛹期夏秋两季8~14天，冬季15~20天。

4. 防治方法

（1）农业防治：①果园内和周边避免种植成熟期不同的其他瓜果品种，减少食料，切断食物链。②清洁果园，及时摘除被害果实并拾净落果，深埋、浸水或火烧。冬春果园翻土，杀死虫蛹，减少虫源。③有条件的果园可以采用套袋防虫等。

（2）理化监测及诱控：①通过田间挂瓶引诱雄虫，实时监测实蝇发生动态，为后续采取防治措施提供依据。②在相对封闭环境条件下（一般指5千米以上范围内不种植成熟期不同的其他瓜果品种），可考虑持续使用引诱剂诱杀雄虫，减少局部范围内可交配雄虫数量，从而降低后代虫口密度，减少为害。③我们的前期研究发现，将引诱剂喷涂在瓶内，其诱虫效果可提高1.7~3.3倍。

（3）化学防治：根据实蝇类害虫为害特征，可选择触杀性和胃毒性药剂来防治，触杀性药剂可选择菊酯类，如4.5%高效氯氰菊酯乳油1 000倍液、2.5%顺式戊氰菊酯乳油1 000倍液等，胃毒性药剂可选2.5%乙基多杀霉素悬浮剂1 500倍液、40%噻虫啉悬浮剂1 000倍液等。另外，研究过程中我们还探索了在传统化学农药中通过添加可降解生物保护膜，不仅能有效提高化学农药的防效，还可延长防效期。

五、茶翅蝽（*Halyomorpha halys*）

茶翅蝽属半翅目（Hemiptera），蝽科（Pentatomidae）。在我国主要分布于东北、华北、华东和西北地区，以成虫和若虫为害梨、苹果、桃、杏、李等果树及部分林木和农作物，近年来在惠州百香果种植区域为害日趋严重。叶和梢被害后症状不明显，果实被害后被害处木栓化，变硬，发育停止而下陷，严重时形成疙瘩或畸形果（图9-32），失去经济价值。为害部位为叶片、花蕾、嫩梢、果实。

图9-32　茶翅蝽为害畸形果

1．形态特征

（1）成虫：体长15毫米左右，宽约8毫米，体扁平，茶褐色，前胸背板、小盾片和前翅革质部有黑色刻点，前胸背板前缘横列4个黄褐色小点，小盾片基部横列5个小黄点，两侧斑点明显（图9–33）。

图9-33　茶翅蝽成虫

（2）卵：短圆筒形，直径0.7毫米左右，周缘环生短小刺毛，初产时乳白色，近孵化时变为黑褐色。

（3）若虫：分5龄，初孵若虫近圆形，体为白色，后变为黑褐色，腹部淡橙黄色，各腹节两侧节间有1个长方形黑斑，共8对，末龄若虫与成虫相似，无翅。

2．为害状

茶翅蝽主要为害果实和嫩梢。成虫、若虫刺吸果实和嫩梢，使被害部果面凹凸不平，木栓化，形成“疙瘩”，果畸形，重者失去经济价值，同时也可能传播、携带百香果病毒病。

3．发生规律

该虫在华南地区一年发生1~2代，以受精的雌成虫在果园中或在果园外的室内、室外的屋檐下等处越冬。翌年4月下旬至5月上旬，成虫陆续出蛰。在造成为害的越冬代成虫中，大多数为在果园中越冬的个体，少数由果园外迁移到果园中。越冬代成虫可一直为害至6月，然后多数成虫迁出果园，到其他植物上产卵，并发生1代若虫。在6月上旬以前所产的卵，可于8月以前羽化为第1代成虫。第1代成虫可很快产卵，并发生第2代若虫。而在6月上旬以后产的卵，只能发生1代。在8月中旬以后羽化的成虫均为越冬代成虫。越冬代成虫平均寿命为301天，最长可达349天。在果园内发生或由外迁入果园的成虫，于8月中旬后出现在园中，为害后期的果实。10月后成虫陆续潜藏越冬。

4．防治方法

参照稻棘缘蝽防治方法。

第十章

百香果采收与保鲜

第一节　采　　收

在我国热带和南亚热带地区，百香果3—4月开花坐果后60~80天果实就会成熟，此时紫果种的果皮大部分呈紫色，黄果种的果皮呈黄色，紫果种与黄果种杂交育成的台农1号果皮红色。果实成熟后，果实与果柄产生离层，会自动掉落。果实掉落之时起3天内，是百香果品质最佳、风味最好的时段。

长途运销的鲜果，要尽可能减少果实的外伤。人工采果的要轻拿轻放。若是为加工提供原料的，为减少用工、降低成本，大多在果熟盛期每隔1~2天派人巡视果园，捡拾自动落地的熟果，及时集中送到仓库用水洗净泥沙，晾干水分，剔除烂果，经预冷稍降温后在较低温度和较高空气湿度下贮存备用。

禁采未成熟青果并将未成熟青果混入成熟果中运销、加工、贮存，因为未熟果含剧毒的氰化物，误食对人体有害。

要加强百香果出入库登记签收制度，明确责任。

第二节　保　　鲜

百香果的果实虽有比较坚实的内果皮，但其外果皮比较薄脆，中果皮肉质易受病虫侵害和运转途中的挤压碰伤，鲜果货架期短，这已成为运销和加工原料平衡供应的难点。

百香果成熟果实属于典型的呼吸跃变类型，呼吸作用强，果体内自行释放促熟的乙烯较多。若采后将果实放置在25℃的环境下，每千克果实每小时会释放出370微升乙烯，若气温更高，则释放的乙烯会更多，因此百香果的成熟果实是不耐贮存的。

一、控制贮存环境的温度和空气湿度，延长保鲜期

采收下来的百香果，放置在温室下的阴凉通风处，只能贮放3~5天。若用塑料薄膜小袋包装后贮放在气温6.5~8℃、相对湿度为80%~95%的条件下，可以贮存20~30天。

如贮存库内的气温低于6.5℃，成熟的百香果容易被冻坏。如果库房的气温高于8℃，成熟的百香果容易染病腐烂。如贮存库的空气湿度过低，成熟百香果的果皮容易失水皱缩，失去原有的美观皮色，市售货架期会因此缩短。

二、在保鲜袋内放置乙烯吸收剂，延长保鲜期及货架期

陈美花等以紫香1号百香果七成熟果实为试材，在普通聚乙烯保鲜袋内鲜果中放置乙烯吸收剂，与不放乙烯吸收剂样品对比。2个入袋样品均由真空包装机包装，3个试样同时放入多功能恒温、恒湿试验箱，在（25±1）℃、相对湿度70%~80%的条件下贮藏，定期检测记录试样的色泽外观、果皮出现的缺陷、失重率、果汁可溶性固形物量、可滴定酸量。经过18天，6次检测，证实经2种聚乙烯膜袋包装贮存均可延长参试紫果百香果的保鲜期至少6天，内放乙烯吸收剂处理效果更好，保鲜期更长，完全可满足网购百香果鲜果运输及一般货架期的要求。

参 考 文 献

陈炳旭，2017．荔枝龙眼害虫识别与防治图册［M］．北京：中国农业科技出版社．

陈美花，熊拯，庞庭才，2016．气调包装对百香果贮藏品质的影响［J］．食品科学，37（20）：287–291．

郭艳峰，李晓璐，杨得坡，2019．不同百香果的挥发性成分分析研究［J］．中国南方果树，48（6）：59–63，71．

胡东，2016．百香果茎基腐病防治措施分析［J］．南方农业，10（7）：14．

黄爱军，王莹，胡笑林，2019．西番莲病毒病研究进展［J］．中国南方果树，48（3）：141–146．

黄楚韶，吴楚彬，1998．黄果西番莲新品系 5–1–1 的选育［J］．广东农业科学（5）：18–20．

黄苇，黄琼，罗汝南，等，2003．西番莲香味及主要糖酸物质含量的季节性变化规律研究［J］．华南农业大学学报，24（4）：84–87．

连志超，2012．百香果汁的褐变研究［D］．柳州：广西工学院．

林泗海，黄添基，傅成业，2012．百香果茎基腐病的发生与防治防范［J］．中国南方果树，41（1）：82．

钱开胜，2019．广西水果生产总量雄踞全国榜首［J］．中国果业信息，36（10）：47

帅良，杨玉霞，廖玲燕，2016．海藻酸钠涂膜对百香果贮藏品质的影响［J］．食品工业科技（13）：332–334，339．

谢维汉，2017．百香果高产栽培管理技术［J］．南方农业，11（11）：9–11．

许晓静，2016. 百香果籽油的理化性质及抗氧化活性研究［D］. 广州：广东工业大学.

易籽林，徐卫清，2018. 百香果在海南引种栽培现状与展望［J］. 热带农业科学，38（7）：25–28.

余东，熊丙全，袁军，等，2005. 西番莲种质资源概况及其应用研究现状［J］. 中国南方果树（1）：36–37.

周红玲，郑云云，郑家祯，2015. 百香果优良品种及配套栽培技术［J］. 中国南方果树，44（2）：121–124.

周玉娟，谈锋，邓君，2010. 西番莲属植物的研究进展［J］. 中国中药杂志，33（5）：1789–1792.

邹江冰，袁进，蒋琳兰，2010. 2 种西番莲叶中黄酮的抗氧化活性研究［J］. 中国药房，21（35）：3280–3282.